RAPPORT

À MONSIEUR LE MINISTRE DE L'AGRICULTURE

SUR

LA SITUATION DE L'AGRICULTURE

DU DÉPARTEMENT DE L'AISNE

EN 1884,

PAR

M. E. RISLER,

DIRECTEUR DE L'INSTITUT NATIONAL AGRONOMIQUE.

PARIS.

IMPRIMERIE NATIONALE.

———

M DCCC LXXXIV.

RAPPORT

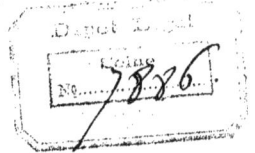

À MONSIEUR LE MINISTRE DE L'AGRICULTURE

SUR

LA SITUATION DE L'AGRICULTURE

DU DÉPARTEMENT DE L'AISNE

EN 1884.

———

MONSIEUR LE MINISTRE,

Par arrêté du 17 mars 1884, vous avez chargé une commission spéciale d'étudier la situation agricole du département de l'Aisne et particulièrement celle des fermes qui n'ont pas été reprises à bail, de rechercher les causes de la situation critique de chacune de ces fermes et les remèdes qui pourraient être apportés à l'état général de l'agriculture du département.

Cette commission était composée de MM. Heuzé, inspecteur général de l'agriculture, président, et Barral, secrétaire perpétuel de la Société nationale d'agriculture, pour l'arrondissement de Laon; Lecouteux, professeur au Conservatoire des arts et métiers et à l'Institut agronomique, pour l'arrondissement de Saint-Quentin; Philippart, directeur de l'École nationale d'agriculture de Grignon, pour l'arrondissement de Vervins; Menault, inspecteur de l'agriculture, pour celui de Château-Thierry, et Risler, directeur de l'Institut agronomique, pour celui de Soissons. Chacun des commissaires a eu l'honneur de vous remettre un rapport sur l'arrondissement dont il s'était spécialement occupé.

Le 3 octobre, vous m'avez demandé de réunir les résultats de ces enquêtes dans un rapport général que je viens vous présenter aujourd'hui.

SOL ET CLIMAT DU DÉPARTEMENT.

Une description rapide de la contrée est nécessaire pour faire comprendre ce qui va suivre.

Commençons par l'arrondissement de Soissons, dont la superficie est de 124,411 hectares. Il se divise en deux régions naturelles qui diffèrent par leur construction géologique et par leur agriculture, comme par les noms que leur donnent les gens du pays. La première est le Soissonnais proprement dit, qui comprend à peu près les deux tiers de l'arrondissement, c'est-à-dire les cantons de Vic-sur-Aisne, de Soissons et de Wailly tout entiers, le quart de celui de Villers-Cotterêts, les quatre cinquièmes de celui de

Braisne et le tiers de celui d'Oulchy-le-Château. La deuxième, qui se trouve au sud, ressemble à l'arrondissement de Château-Thierry; elle a les caractères agricoles du Tardenois ou de la Brie septentrionale, et comprend les trois quarts du canton de Villers-Cotterêts, le cinquième de celui de Braisne et les deux tiers de celui d'Oulchy-le-Château.

Dans le Soissonnais lui-même, il faut distinguer les vallées et les plateaux. Les grandes vallées, celles de l'Aisne et de son affluent la Vesle, qui traversent l'arrondissement de l'est à l'ouest, ont des terres d'alluvion dont la plupart sont fertiles. L'argile plastique affleure au bas des coteaux qui les bordent, puis viennent des pentes plus ou moins raides, qui sont formées par les sables nummulitiques ou sables du Soissonnais et qui sont couronnées par une corniche de calcaire grossier.

La population de ces vallées est beaucoup plus dense que celle du reste de l'arrondissement; c'est là que sont situés Soissons, Vic-sur-Aisne, Wailly, Braisne. Une voie navigable et, depuis vingt-cinq ans, les chemins de fer, ont favorisé le développement des usines, fabriques de sucre, distilleries, verreries, etc. La terre y est assez divisée. Les petits propriétaires l'exploitent eux-mêmes avec leurs familles qui ne cessent pas de s'accroître; et des cultures maraîchères très productives, par exemple celle du célèbre haricot de Soissons, continuent à augmenter l'aisance générale. Le voisinage de l'eau et un climat plus doux que sur les plateaux permettent ces cultures, et l'on pourrait facilement y ajouter les prairies et les herbages, comme M. Duval vient de le faire près de Vic-sur-Aisne. Autrefois la culture de la vigne avait pris une certaine extension sur les coteaux exposés au midi, mais elle y souffrait de gelées fréquentes et elle tend à disparaître, quoique ses vins se vendent de plus en plus cher.

Dans les vallons plus étroits qui descendent des deux côtés vers l'Aisne et la Vesle, les terres d'alluvion ont peu d'étendue; de plus, elles reposent sur les couches imperméables de l'argile plastique qui leur amènent les eaux d'infiltration des plateaux voisins. La plupart sont donc très humides et quelquefois tourbeuses ou couvertes de prairies marécageuses dont les fourrages ont moins de valeur que les bois blancs qu'on y laisse pousser. Des plantations régulières et bien aménagées de peupliers régénérés peuvent en augmenter le revenu. Dans quelques endroits, par exemple à Maramont, près de Villers-Cotterêts, ce sont des plantations d'osiers que les vanniers de la commune utilisent. Dans sa propriété de Margival, qui est traversée par le chemin de fer, entre Soissons et Laon, un négociant de Paris, M. Dormeuil, a donné l'exemple de la transformation de ces terrains tourbeux en herbages par des drainages et des amendements. Deux hectares suffisent pour engraisser trois bœufs et donner à chacun d'eux une plus-value de 160 à 180 fr. en moyenne; c'est donc un produit de 255 francs par hectare. De telles améliorations coûtent cher, mais on voit qu'il y a de la marge pour payer les intérêts des capitaux qu'on y emploie et je crois, du reste, qu'on pourrait le faire beaucoup plus économiquement. Cependant deux des fermes les plus importantes qui m'ont été signalées comme délaissées par leurs exploitants et cultivées par les propriétaires, parce que ceux-ci n'ont pas pu trouver de fermier, ont la plus grande partie de leurs terres placées dans ces conditions. Je ne suis pas étonné du tout que les fermiers qui avaient eu l'imprudence de s'engager à payer pour ces terres un fort loyer s'y soient ruinés; les améliorations nécessaires pour en tirer parti ne peuvent être faites que par leurs propriétaires.

Au-dessus de l'argile plastique et des alluvions qui la recouvrent sur certains points, les bords de ces vallons sont formés, comme ceux des grandes vallées, par des sables et par des bancs de calcaire qui sont couverts de bois ou de savarts incultes.

Les bancs inférieurs de ce calcaire fournissent des pierres de taille dont l'exploitation a été très lucrative pendant toute la période où l'on a fait beaucoup de constructions à Paris. Mais, depuis un à deux ans, elle produit fort peu. Elle avait contribué à enlever des ouvriers aux fermes environnantes et à y faire renchérir la main-d'œuvre.

Un certain nombre de villages et de grandes fermes sont assis sur ces bancs de calcaire et bâtis avec les matériaux qu'on en a tirés. Les carrières abandonnées ont été converties en caves ou en bergeries très saines. Quant aux couches supérieures du calcaire grossier, on y trouve des marnes qui sont employées, comme amendement, pour les terres de limon quaternaire qui s'étendent au-dessus d'elles, formant la couche arable de tous les plateaux du Soissonnais.

C'est sur ces plateaux que se trouvent toutes les grandes cultures qui nous occuperont principalement, cultures de 100 à 200 hectares et quelquefois plus, qui, après avoir été très prospères pendant longtemps, sont aujourd'hui le sujet des plaintes unanimes des propriétaires et des fermiers. J'estime leur étendue à environ 40,000 hectares, le tiers de l'arrondissement. Ce sont des terres fertiles : elles sont analogues aux limons qui couvrent tous les plateaux du nord-ouest de la France, en Artois, en Picardie et dans le pays de Caux. Leurs points les plus élevés se trouvent de 150 à 160 mètres au-dessus de la mer. Ils sont prédestinés à la grande culture, parce qu'il n'y a pas de villages au milieu des plateaux, et il n'y a pas de villages, parce qu'il n'y a ni matériaux de construction, ni sources. Pour se procurer de l'eau, il faudrait percer des puits d'une centaine de mètres de profondeur à travers le calcaire grossier et les sables nummulitiques jusqu'à l'argile plastique. Tous les centres d'exploitation sont, comme je l'ai dit, situés au bord de ces plateaux sur les bancs de calcaire grossier où des puits de 50 à 60 mètres suffisent pour atteindre la nappe d'eau souterraine. Quelquefois les fermes sont dans les vallons qui tournent autour de ces plateaux et il faut, pour aller cultiver les terres, faire plusieurs kilomètres, d'abord en montant, sur un chemin sablonneux et malaisé, ensuite sur des chemins boueux qui se défoncent d'une façon déplorable, quand on fait les charriages des betteraves par un temps humide. Les pierres que l'on y emploie pour charger les routes départementales viennent des Ardennes et coûtent 20 francs le mètre cube. De plus, ces plateaux sont voués à la culture arable. Le manque d'eau pour abreuver le bétail y rend impossible l'établissement des herbages. Un seul propriétaire a essayé de le faire, c'est M. Paul Ferté à Vregny (canton de Wailly), agriculteur très distingué, que je tiens à signaler à votre attention. Mais il a eu soin de placer ses herbages sur le penchant du plateau où il est moins difficile d'avoir de l'eau.

Il me reste à décrire la partie méridionale de l'arrondissement, environ 40,000 hectares, c'est-à-dire le dernier tiers de la surface totale. Sa constitution géologique et ses caractères agricoles ne sont plus les mêmes que ceux du Soissonnais proprement dit. Ils ressemblent à ceux de l'arrondissement de Château-Thierry.

Le pays est plus accidenté, les vallées plus nombreuses. Son élévation moyenne au-dessus du niveau de la mer est plus grande : quelques monticules dépassent 200 mètres. Le terrain est plus varié et, en général, moins riche que celui du Soissonnais.

Au-dessus du calcaire grossier qui forme les parois des vallées, les sables ou grès de Beauchamp couvrent des étendues assez considérables. La plus grande partie de la forêt de Villers-Cotterêts se trouve sur ces sables. C'est en effet la production du bois qui leur convient le mieux. On a eu le plus grand tort de défricher, il y a quarante à cinquante ans, des bois qui couvraient ailleurs ces terres ingrates. Il faudra replanter ces terres, car il est impossible que l'agriculture en tire un parti profitable.

Puis viennent les marnes de Saint-Ouen avec des terres calcaires de couleur rouge qui sont d'une culture difficile, mais qui produisent des blés et des fourrages de qualité supérieure. J'estime leur étendue à environ 15,000 hectares et la plus grande partie pourrait être avantageusement convertie en herbages.

Un simple fermier, à Beugneux, canton d'Oulchy-le-Château, a donné l'exemple de cette transformation sur environ 60 hectares. Malheureusement les 550 hectares qu'il cultive appartiennent à trente-cinq propriétaires différents. Il a fallu un courage presque téméraire pour embarquer une fortune, plus de 250,000 francs, dans cette entreprise énorme. Sa vaillante femme, qui le seconde dans la direction, tout en élevant dix enfants, me disait : « Nous ne savons pas si jamais nous retrouverons tout ce que nous avons dépensé ici. » De telles améliorations devraient, en effet, être secondées par les propriétaires auxquels elles profitent autant qu'aux premiers.

Sur quelques points, les plus élevés de la contrée, les marnes de Saint-Ouen sont recouvertes d'îlots de glaises vertes qui elles-mêmes sont recouvertes d'un terrain à meulières analogue à celui de la Brie.

Ce terrain à meulières n'est bon qu'à être boisé et les bois qui le garnissent ont le grand avantage de faciliter l'alimentation des sources qui débouchent à la surface des glaises. Cette existence de sources sur les plus hauts sommets de la contrée est un fait très avantageux qu'il faudrait savoir utiliser pour les herbages qu'on établirait au-dessous d'eux.

Cette partie méridionale de l'arrondissement n'a pas de terres aussi favorables à la culture de la betterave que celles des plateaux du Soissonnais. Elle est, d'ailleurs, trop éloignée des fabriques de sucre pour pouvoir concourir à leur alimentation. Elle est aussi plus éloignée des chemins de fer qui ont fait le vide dans sa population ouvrière sans lui donner en retour un accroissement de débouchés. L'élevage du mouton est sa spécialité; c'est là que se trouvent les troupeaux les plus célèbres de mérinos soissonnais.

Dans l'arrondissement de Château-Thierry, les cantons de Neuilly-Saint-Front et de la Fère-en-Tardenois ressemblent à la partie méridionale de l'arrondissement de Soissons. Mais, dans les autres cantons, les marnes vertes, recouvertes de bancs de meulières, prennent un grand développement. Ces meulières, entremêlées d'argiles verdâtres ou de sable grossier, forment la surface de tous les plateaux, terrains difficiles à cultiver, où l'on trouve encore beaucoup de forêts et un millier d'hectares de landes. C'est la Brie Pouilleuse, et il suffit de jeter les yeux sur une carte géologique pour voir ce qui lui manque. Dans la véritable Brie, depuis les environs de Coulommiers jusqu'à la vallée de la Seine, les argiles à meulières sont souvent recouvertes par un limon quaternaire, qui est beaucoup plus fertile.

Au nord de l'arrondissement de Soissons, les plateaux de limon continuent au delà de la vallée de l'Ailette jusqu'à Laon (dans la partie méridionale des cantons de Laon, Anisy et Coucy-le-Château). Mais, à l'ouest de l'arrondissement de Laon, l'argile plastique et les sables nummulitiques occupent de larges surfaces, couronnées sur certains points par des bancs de calcaire grossier et de grès de Beauchamp. C'est un pays de forêts (haute forêt, basse forêt de Coucy, forêt de Saint-Gobain, bois de Frière, de Genlis, etc.), traversé par les alluvions de la vallée de l'Oise (cantons de la F⁰ de Chauny).

Par contre, au nord de Laon, s'étend une vaste plaine ou plutôt une série de ¹⁰ ...aux légèrement ondulés qui s'élèvent au plus à 140 ou 150 mètres au-dessus du niveau de la mer. Elle est formée de craie noduleuse, souvent magnésienne, recouverte d'une couche plus ou moins épaisse de limon quaternaire. Le limon, terre franche, pauvre en chaux et en acide phosphorique, mais très perméable aux eaux et très facile à travailler, se développe surtout au nord-ouest de l'arrondissement de Laon, dans les cantons de Marle et de Crécy, et dans tout l'arrondissement de Saint-Quentin, qui appartient à l'ancienne Picardie et en a tous les caractères. C'est là surtout que la culture de la betterave a pris une grande importance; on y a établi de nombreuses sucreries, mais la crise actuelle est d'autant plus sensible que la prospérité y a été plus grande pendant vingt à trente ans. Malheureusement, la nature perméable de la craie qui se trouve au-dessous du limon ne permet pas d'y créer des prés ou des herbages permanents. On ne peut en faire que dans les endroits où l'argile plastique se trouve à la surface de la craie, et dans les larges vallées où le sol est formé par des limons plus argileux ou par les débris descendus des coteaux voisins, accumulés sur les bords des rivières, dont les infiltrations y entretiennent une humidité suffisante.

Quand ces infiltrations sont trop abondantes, les terres deviennent tourbeuses ou marécageuses, comme dans la vallée de la Somme, dans une partie de celle de l'Oise et de ses affluents : la Serre avec la Souche, la Lette avec l'Ardon, l'Ailette, etc.

Les marais de la Souche ont été desséchés déjà avant 1830. Quelques-uns de ces terrains d'alluvion sont devenus très productifs par la culture des légumes (environs de Laon). D'autres moins bien assainis ont été plantés en osiers.

A l'Est de l'arrondissement, la craie, plus rarement recouverte de limon donne aux cantons de Sissonne et de Neufchâtel les caractères de la Champagne. La culture de la betterave y réussit moins bien; les fabriques de sucre y sont rares. Les céréales et les moutons sont les seuls produits.

Le sud de l'arrondissement de Vervins (cantons de Vervins et de Sains) appartenait, comme l'arrondissement de Saint-Quentin, à la Picardie, et cette ancienne dénomination correspond partout à un même type de pays au point de vue agricole comme au point de vue géologique. Mais dans le nord de cet arrondissement (cantons de Wassigny, du Nouvion, de la Capelle, d'Hirson et d'Aubenton), c'est la Thiérache, série de plateaux séparés par des vallées profondes où coulent de nombreux ruisseaux; le limon est argileux dans sa partie inférieure et, au lieu de reposer directement sur les couches perméables de la craie, il en est séparé par 5 à 6 mètres de sable (sable ou grès du Quesnoy) et par 8 à 10 mètres d'argile à silex qui retient les eaux. Tant que l'on s'est obstiné à vouloir cultiver des céréales dans ces terres froides et humides, on n'obtenait que de maigres récoltes. Le canton du Nouvion y renonça le premier, il y a environ cinquante ans, et se couvrit presque tout entier d'herbages qui sont de première qualité. Puis vint le tour du canton de la Capelle. Aujourd'hui la richesse a succédé à la pauvreté partout où les pâturages ont remplacé les champs. Tel terrain qui trouvait difficilement preneur à 60 francs l'hectare lorsqu'il était en culture, se loue 140 à 160 francs; les meilleurs 200 francs et plus, et les fermiers s'y enrichissent, car ils peuvent y engraisser 3 bœufs sur deux hectares, et chacun de ces bœufs laisse 250 à 300 francs d'écart. On élève également des veaux et des poulains, mais ce qui rapporte le plus, ce sont les vaches dont le lait sert à fabriquer le fromage de Marolles, et se paye ainsi 15 à 16 centimes le litre.

La mise en herbages s'étend très rapidement dans les cantons voisins, partout où la nature du sol lui est favorable. Elle couvre déjà la moitié du canton d'Hirson, et environ le cinquième de ceux de Guise et de Wassigny.

TERRES EN FRICHES ET DIMINUTION DES FERMAGES.

Dans tout l'arrondissement de Soissons, on n'a pu me désigner qu'une seule ferme, c'est-à-dire une terre pourvue de bâtiments d'exploitation, qui est tout entière en friche, mais cela provient de circonstances particulières qui n'ont rien à faire avec la situation de l'agriculture : le caractère difficile du propriétaire en est la seule cause. Je dois faire, dès à présent, une distinction qui est très importante. Il y a dans l'arrondissement de Soissons, comme dans tout le département, beaucoup de terres sans bâtiments que l'on appelle *marchés de terres*. Elles ont été séparées des autres soit par des partages de successions, soit par des ventes. Un certain nombre de grands propriétaires ont vendu à leurs fermiers ou à d'autres cultivateurs les bâtiments de ferme et n'ont conservé que des terres. Ces propriétaires ont ainsi réalisé une partie de leur capital foncier, mais aujourd'hui il leur est impossible de faire cultiver eux-mêmes les marchés de terres pour lesquels ils ne trouvent pas de fermier. Or, les terres qui m'ont été signalées comme étant laissées en friche depuis quelques années, sont des marchés de terres. Ce sont des terres ou de qualité passable trop éloignées des villages et des fermes pour que leur culture soit facile, ou des terres de très mauvaise qualité qui étaient autrefois boisées et qui auraient dû le rester, mais qu'on a eu le grand tort de défricher, il y a une quarantaine d'années, à l'époque où l'agriculture donnait de grands bénéfices. Les marchés de terres laissés en friches n'atteignent pas encore 1 p. o/o de la surface totale de l'arrondissement, mais leur abandon et leur dépréciation paraissent augmenter de jour en jour, et nous verrons que c'est là ce qui fait la gravité toute particulière de la situation économique de cette contrée. Le tableau suivant en donne l'indication par canton, ainsi que le nombre des fermes que leurs propriétaires sont forcés de cultiver eux-mêmes parce qu'ils n'ont pu trouver de fermier, ou du moins, parce qu'ils n'ont pas pu en trouver aux conditions qu'ils leur proposaient :

CANTONS.	SUPERFICIE TOTALE.	TERRES EN FRICHE.	FERMES CULTIVÉES par LES PROPRIÉTAIRES parce qu'ils n'auraient pas trouvé de fermiers.
	hectares.	hectares.	
Soissons	12,908	//	2
Braisne	25,550	226	4
Oulchy-le-Château	23,877	332	11
Vic-sur-Aisne	21,827	131	3
Villers-Cotterêts	24,028	224	2
Vailly	16,221	231	7
TOTAUX	124,411	1,144	29

Les bonnes fermes se relouent encore avec des diminutions peu importantes. Pour les autres, les propriétaires ont été obligés d'accorder des diminutions de loyer qui étaient de 10 p. o/o jusqu'en 1882 et qui tendent à s'accroître de plus en plus.

Un des principaux notaires de Soissons a renouvelé, depuis cinq ans, 148 baux de fermes ou de marchés plus ou moins importants situés dans les différents cantons de l'arrondissement. « En ne tenant compte que des fermages qu'il est possible de comparer immédiatement avec ceux qui résultent des baux précédents et en négligeant les rares baux qui ont été renouvelés sans diminutions, dit-il, on trouve pour les baux anciens un fermage de 94,363 francs et pour les nouveaux 83,143 francs, c'est une diminution d'environ 12 p. o/o, mais cette diminution serait de 18 p. o/o, si on n'en prenait que les deux dernières années, 1882 et 1883. Elle ira certainement en augmentant et atteindra ou même dépassera probablement 25 p. o/o fpour plusieurs renouvellements qui se négocient actuellement entre propriétaires et fermiers. »

D'autres notaires citent des diminutions de 30 à 33 p. o/o et prévoient qu'elles ne tarderont pas à atteindre 50 p. o/o pour les marchés de terres mal classées et éloignées.

« Les fermes et marchés abandonnés seraient nombreux, disent-ils, si les propriétaires exigeaient le payement exact de leurs fermages même réduits. La culture paraît s'appauvrir chaque jour davantage; elle manque de capital. Beaucoup de terres arriveront à fin de bail sans que le renouvellement puisse se faire. On attend au dernier jour, au lieu de renouveler d'avance. Il y a un arriéré considérable dans le payement des fermages. Certaines fermes ne sont pas encore à céder ou à louer, parce que les propriétaires n'osent pas poursuivre les fermiers, de peur de voir leurs fermes sans exploitants.

« On peut dire que la plupart des fermes à fin de bail sont à louer, parce que les fermiers ou ne veulent plus renouveler, ou demandent des diminutions énormes que les propriétaires ne peuvent pas ou ne veulent pas accepter.

« Les marchés sont encore dans une situation plus mauvaise que les fermes; comme ils ne sont pas indispensables au fermier qui est maître de la position, ils sont abandonnés, lorsque le propriétaire n'accepte pas les propositions de diminution. »

Les prix de vente des biens ruraux ont subi une dépréciation proportionnelle à celle des locations.

« Dans l'arrondissement de Saint-Quentin, dit M. Lecouteux, je n'ai pas rencontré beaucoup de terres incultes. »

Dans l'arrondissement de Château-Thierry, M. Menault n'a trouvé que 1,056 hectares de terres en friche. Mais il remarque que l'enquête de 1865 en avait déclaré 1,500 à 1,600 hectares; il y aurait donc eu, depuis 1866, diminution des terres en friche dans l'arrondissement de Château-Thierry. On y a fait des plantations de bois.

Dans l'arrondissement de Vervins, M. Philippart « n'a pas trouvé de terres en friche proprement dites ».

« Dans les cantons de l'arrondissement de Laon dont l'enquête m'a été confiée (canton de Crécy-sur-Serre, Marle, Rozoy et Sissonne), dit M. Barral, il n'y a à l'état de terres incultes et abandonnées comme telles que de très petites surfaces; abandonnées aujourd'hui, elles ne le seront sans doute pas demain. »

Dans les autres cantons, M. Heuzé n'a trouvé aucune ferme en friche.

Quand à la baisse des fermages, M. Heuzé a comparé pour les mêmes terres

722 baux enregistrés de 1875 à 1884 avec ceux qui ont expiré avant la première date. Il a trouvé :

Pour les locations enregistrées { avant 1879 1,495,872
{ après 1879 1,325,780

Soit une diminution de 170,092

c'est-à-dire 14 p. o/o.

Ces baux concernent 21,694 hectares de terres situées dans 381 différentes communes des cinq arrondissements. La diminution moyenne de ces baux est à peu près égale dans les arrondissements de Laon, Saint-Quentin et Soissons; elle est la plus forte dans l'arrondissement de Château-Thierry et la plus faible dans celui de Vervins. Dans ce dernier, il faut distinguer les terres arables sur lesquelles la diminution est de 25 p. o/o, d'après M. Philippart, et les herbages pour lesquels il y a eu augmentation. Ainsi 416 hect. 29 ares d'herbages, en 20 locations, étaient affermés, avant 1879, à 103 fr. 20 cent. l'hectare en moyenne et, après 1879 à 119 fr. 30 cent., soit une augmentation de 16 fr. 10 cent. par hectare.

Voici, d'après M. Philippart, le tableau des fermages stipulés pour les terres de l'hospice de Vervins par les baux conclus depuis 1874 et leur comparaison avec les baux antérieurs :

BAUX DE L'HOSPICE DE VERVINS (PAR ADJUDICATION).

IMMEUBLES DE L'HOSPICE.		BAUX COURANTS.			BAUX PRÉCÉDENTS.		
SITUATION.	CONTENANCE.	DATE.	DURÉE.	PRIX.	DATE.	URÉE.	PRIX.
Soins............	22ʰ 01ᵃ 40ᶜ	6 avril 1874.	15 ans.	2,035ᶠ 00ᶜ	16 août et 9 septembre 1860.	15 ans.	2,855ᶠ 00ᶜ
Lesqueilles	19 79 32	29 août 1881. 12 juin 1882.	Idem.	2,063 40	19 août 1866.	Idem.	2,815 00
Tavaux..........	8 34 59	7 juin 1882.	Idem.	335 00	9 septembre 1866.	Idem.	585 85
Vervins, Fontaine, etc...........	28 24 02	13 juin 1882.	Idem.	2,829 00	18 août 1867.	Idem.	2,670 25
Houry-Saint-Gobert.	4 82 16	23 février 1882.	Idem.	338 00	25 août 1867.	Idem.	338 00
Plomion..........	15 10 46	7 juin et 1ᵉʳ septembre 1882.	Idem.	942 00	1ᵉʳ septembre 1867.	Idem.	1,320 00
Prisces..........	25 64 73	7 juin 1882.	Idem.	1,405 50	11 août 1867.	Idem.	2,077 00
ÉTENDUE TOTALE..	123ʰ 96ᵃ 68ᶜ	Baux nouveaux.		9,447ᶠ 90	Baux anciens.		11,861 10

OBSERVATION. — Durée générale des baux , 15 ans (anciens et nouveaux).

Baux anciens (66-67)............... $\dfrac{11,861^f\ 10^c}{123^h\ 96^a\ 68^c}$ = 95ᶠ 67ᶜ à l'hectare.

Baux nouveaux..................... $\dfrac{9,447^f\ 90^c}{123^h\ 96^a\ 68^c}$ = 76ᶠ 20 à l'hectare.

DIFFÉRENCE EN MOINS..................... 19ᶠ 47 à l'hectare, soit 20 p. o/o.

Partout les diminutions des fermages sont beaucoup plus grandes pour les marchés de terres que pour les terres avec bâtiments.

Un très grand nombre de fermiers ont abandonné les marchés de terres que leurs propriétaires ont dû reprendre, soit pour les cultiver eux-mêmes, soit pour les relouer. Les nouvelles locations de ces marchés se font avec un peu de difficulté et à la condition d'une diminution de 25 à 50 p. o/o sur le prix du loyer (Barral).

Situation hypothécaire. — Les relevés fournis sur demande par les conservateurs des hypothèques sont très concluants. Vu la délicatesse du sujet, j'en parlerai en général. L'examen des tableaux fait ressortir les points suivants :

1° Pour beaucoup de fermiers, les premières inscriptions remontent à plus de dix années, et souvent elles ont été prises au lendemain d'un renouvellement de bail, pour se procurer les capitaux nécessaires. L'origine de la situation actuelle est donc assez ancienne.

Les fermiers des marchés de terres, presque toujours propriétaires des bâtiments, hypothéquaient ceux-ci pour se procurer les capitaux qui leur manquaient.

2° Continuité de la gêne qui se révèle par des inscriptions successives et rapprochées.

3° Enfin, il existe beaucoup de créanciers divers, outre les propriétaires.

Le nombre des inscriptions est généralement assez grand, ce qui est connu même dans le pays, et il a eu pour conséquence de faire baisser la valeur foncière dans une proportion un peu exagérée. Les ventes se font difficilement et les transactions de toutes sortes, baux, ventes, etc., sont peu nombreuses, à tel point que les recettes de l'État sont sérieusement atteintes, au dire des notaires et receveurs de l'enregistrement. Cette situation se continuera forcément pendant une certaine période.

Dans le canton de Sains notamment, les recettes de l'enregistrement ont été, en 1883, seulement le tiers de ce qu'elles étaient en temps de culture normale.

Saisies mobilières. — Le nombre des saisies mobilières (bétail, matériel de culture et récoltes sur pied) chez les fermiers avait augmenté depuis 1881 : comparativement aux années précédentes, il avait à peu près doublé ; mais, depuis un an, ces ventes sont, au contraire, beaucoup plus rares, sans doute parce qu'elles se font mal et que les propriétaires, reconnaissant la difficulté de trouver d'autres fermiers, cherchent à conserver ceux qu'ils ont.

Du reste, il est rare que les propriétaires eux-mêmes fassent faire la vente judiciaire ; mais, quand elle est demandée par un autre créancier, ils saisissent, en vertu de leur privilège, la plus grande partie du produit de la vente.

On prétend même que ce privilège a contribué à leur faire préférer quelquefois des fermiers pauvres et peu travailleurs, mais qui offraient un loyer très élevé, à des fermiers qui présentaient des garanties plus sérieuses, mais qui ne voulaient pas s'engager aux mêmes conditions.

Dans tous les cas, un grand nombre de fermiers ont à la fois loué trop cher et loué trop de terres pour le capital qu'ils possédaient.

Telle est la situation de la propriété agricole dans le département de l'Aisne.

Quand a-t-elle commencé à se produire et quelles sont ses causes ?

VARIATIONS DU PRIX DES FERMAGES DE 1831 À 1883.

Les hospices de Soissons sont propriétaires de 1,677 hectares de terres, dont 1,450 font partie de l'arrondissement de Soissons, les autres de celui de Laon ou des départements voisins, de la Marne et de l'Oise, mais la plus grande partie de ces terres sont des marchés. Il n'y a que quatre fermes avec bâtiments d'exploitation.

Les fermages sont payés partie en argent, partie en grains, usage qui fut assez général dans le Soissonnais pendant la première moitié du siècle, et que l'administration des hospices a conservé dans la limite de ses besoins de blé ou de seigle. Je dois à l'obligeance de l'administrateur des hospices un relevé des fermages perçus de 1831 à 1883 et des prix moyens de l'hectolitre de blé et de seigle à Soissons, prix qui ont servi de taux d'appréciation pour les fermages. En voici le résumé par périodes décennales :

ANNÉES.	PRIX DE L'HECTOLITRE		FERMAGES PERÇUS.
	DE BLÉ.	DE SEIGLE.	
1831 à 1840............................	19^f 04^c	11^f 39^c	78,032^{fr}
1841 à 1850............................	18 92	11 23	84,944
1851 à 1860............................	22 39	14 27	98,555
1861 à 1870............................	21 78	14 09	108,891
1871 à 1880............................	22 11	14 62	107,985
1881 à 1882............................	22 07	16 11	95,873
1883 à 1884............................	18 27	11 81	87,907

On voit que de 1831 à 1880, il y a eu augmentation de 28 p. o/o, puis, de 1880 à la fin de 1883, il y a eu diminution de 19 p. o/o.

L'usage du payement des fermages en nature a peu à peu disparu dans tout le reste du département et l'augmentation des fermages y a été beaucoup plus considérable que pour les terres des hospices de Soissons.

On m'a cité un certain nombre de propriétés où il avait doublé; l'augmentation a été en moyenne de 50 à 60 p. o/o de 1830 à 1870. De plus, les fermiers, toujours chargés du payement des réparations et des impôts avec centimes additionnels, ont eu, de ce côté-là, des charges également croissantes à supporter.

On voit que la hausse, déjà sensible de 1831 à 1840 (elle avait, d'ailleurs, commencé à se produire dès le commencement du siècle), s'est accentuée dans la période de 1840 à 1851; et cette période coïncide avec l'établissement des premières fabriques de sucre dans département.

Après s'être développée dans les départements du Nord et du Pas-de-Calais, la fabrication du sucre de betteraves est entrée dans celui de l'Aisne par l'arrondissement de Saint-Quentin, puis elle s'est répandue dans l'arrondissement de Laon et ce n'est qu'après 1848 qu'elle a fait son apparition dans celui de Soissons. Jusqu'à cette époque il y avait beaucoup de jachères nues; on n'en employait qu'une faible partie à faire du trèfle ou de la luzerne qui restait en dehors de l'assolement triennal. Ainsi, en 1837 encore, M. Vallerand, à Moufflaye, qui a obtenu la prime d'honneur du département en 1868, avait, sur 255 hectares, 40 hectares de jachères, 60 de blé, 5 de seigle, 65 d'avoine, 5 de pommes de terre, 20 de menus grains et 60 de fourrages artificiels.

L'hectare de blé rendait 18 hectolitres, qui se vendait 20 francs, le seigle 18 à 12 francs, et l'avoine 30 hectolitres à 6 francs. Ce système de culture exigeait moins d'attelages que celui d'aujourd'hui et il était favorable à l'élevage des moutons, qui trouvaient pendant une partie de l'année à se nourrir économiquement sur les jachères et les chaumes. M. Vallerand avait un troupeau de 1,000 têtes qui rendait en moyenne 10,000 francs par an. Le produit brut de la ferme était de 40,000 francs par an, soit 156 francs par hectare. Mais les gages des domestiques n'étaient alors que de 180 à 200 francs par an, les salaires des ouvriers que de 75 centimes par jour et leur nourriture ne coûtait aussi que 75 centimes par jour [1], en sorte que l'ensemble des frais de culture ne dépassait pas une moyenne de 60 francs par hectare, ce qui permettrait de payer en plus 50 à 60 francs de fermage et d'impôts, tout en obtenant pour le capital d'exploitation (qui ne dépassait alors pas 200 à 250 francs par hectare) un intérêt de 15 à 16 p. o/o ou, si l'on veut compter autrement, un intérêt de 10 p. o/o pour le capital d'exploitation et 12 à 15 francs de bénéfice net par hectare.

Sans doute tous les cultivateurs n'arrivaient pas à des résultats aussi satisfaisants que M. Vallerand, mais il était lui-même à cette époque au commencement de sa carrière; il n'avait pas plus de capital que la plupart de ses confrères et il suivait à peu près le même système de culture.

La culture de la betterave, en se propageant autour des fabriques de sucre qui venaient d'être créées, permit d'obtenir des produits bruts de 800 à 900 francs par hectare sur des terres qu'on laissait auparavant en jachère, mais il fallut augmenter les attelages pour faire les labours en temps opportun et surtout pour charrier les betteraves en automne; il y avait aussi plus de travail pour les semailles, binages et sarclages.

Cette demande croissante d'ouvriers pour la culture de la betterave vint s'ajouter à celle des industries de toutes sortes qui se développaient, soit dans le département même, principalement à Saint-Quentin, soit dans les départements voisins, à Reims, etc. Cependant, de 1850 à 1860, les salaires ne montèrent que lentement, et il y eut alors une période de prospérité magnifique pour l'agriculture du département de l'Aisne. Non seulement les betteraves donnaient 400 à 500 francs de bénéfice net par hectare, mais le blé qui les suivait se ressentait des cultures et des engrais qu'on leur avait prodigués; on obtint 3 ou 4 hectolitres de plus par hectare. Les pulpes de bet-

---

[1]

	1820 à 1830.	1830 à 1840.	1840 à 1860.	1860 à 1875.	1875 à 1884.
Gage du maître-valet par an...........	200ᶠ 00ᶜ	300ᶠ 00ᶜ	400ᶠ 00ᶜ	600ᶠ 00ᶜ	700ᶠ 00ᶜ
Salaire de l'ouvrier nourri par jour......	0 60	0 75	1 00	1 80	2 10
Salaire ne l'ouvrier non nourri par jour...	"	"	2 00	2 80	3 50

L'usage de nourrir les ouvriers à la ferme a généralement disparu depuis 1840. On a ajouté à leur salaire d'abord 1 franc, puis en dernier lieu 1fr. 40 cent. et ils se nourrissent à une cantine en dehors de la ferme.

3

teraves permirent d'engraisser des bœufs que l'on avait fait travailler deux ou trois ans, et des bœufs ou des vaches que l'on achetait maigres et que l'on revendait au bout de cinq ou six mois avec 150 à 200 francs de bénéfice par tête. Un certain nombre de fermiers renoncèrent même complètement à l'élevage des moutons et le remplacèrent par l'engraissement, qui permettait alors de réaliser 10 à 15 francs d'écart par tête en trois mois. L'élevage donnait alors 15 à 20 francs de produit brut par tête, mais par an, en sorte que les profits sur l'engraissement étaient trois fois aussi grands que sur l'élevage. Il est vrai qu'il faut en déduire le prix d'achat des tourteaux ou du son que l'on ajoutait à la ration de pulpe et de foin haché nécessaire pour l'engraissement, mais les tourteaux contribuaient à améliorer les fumiers. Ainsi l'élevage des bêtes à laine commença à diminuer dans la région des plateaux qui forment la Picardie et le Soissonnais proprement dit, dès 1850, avant que la concurrence des laines d'Australie pût faire baisser la valeur des toisons. Il fut remplacé en grande partie par l'engraissement des moutons dont le revenu dépend beaucoup moins du prix de la laine que de l'écart entre le prix d'achat des animaux maigres et le prix de vente des animaux gras, écart qui était plus grand qu'à présent.

De plus, le nombre total des moutons diminua, parce que les fermiers eurent à nourrir plus de bœufs de travail et d'engraissement. Les jachères et les chaumes, autrefois si favorables à l'élevage des troupeaux, avaient disparu, parce que la betterave les avait remplacés. On ne peut pas tirer deux moutures du même sac. On laissa même dans quelques fermes trop peu de place aux fourrages artificiels à côté de la betterave, du blé et de l'avoine. On ne leur laissa en moyenne qu'un cinquième des terres. On faisait ce qui rapportait le plus, sans s'inquiéter de l'avenir.

De grandes fortunes furent réalisées à cette époque dans la culture. On peut en juger par la ferme de Moufflaye dont le produit brut avait plus que triplé (145,000 francs par an de 1855 à 1860, au lieu de 40,000 francs de 1835 à 1840).

Voici quels étaient, de 1850 à 1860, les frais de toutes sortes pour la culture d'un hectare dans les grandes fermes des plateaux du Soissonnais :

Réparations des bâtiments et du mobilier.........................	20 francs.
Impôts et assurances..................................	16
Achats de semences, engrais et tourteaux...................	100
Salaires et gages...............................	70
Fermages...............................	50
TOTAL...............................	255

Si nous admettons un produit brut moyen de 400 francs par hectare [1], il restait 145 francs par hectare de différence, c'est-à-dire pour une ferme de 100 hectares 14,500 francs, pour une ferme de 200 hectares 29,000 francs.

Cette nouvelle culture exigea un capital d'exploitation au moins double de l'ancienne culture à assolement triennal avec jachères, mais ce capital se forma par les bénéfices des premières cultures de betteraves qui commencèrent sur une faible surface et s'étendirent peu à peu jusqu'à occuper un quart ou un tiers de la ferme.

---

(1) Le chiffre de 400 francs, moyenne que j'adopte pour fixer les idées, se rapporte spécialement aux plateaux du Soissonnais; il était plus élevé pour l'arrondissement de Saint-Quentin où les terres sont plus fertiles et les fabriques de sucre plus nombreuses.

Au milieu de cette prospérité [1], la demande des fermes devint très grande et les propriétaires en profitèrent pour augmenter les loyers. Ce qui contribua beaucoup à accélérer cette hausse, ce fut l'arrivée de nouveaux fermiers venus du département du Nord ou de la Belgique [2]. Ces cultivateurs, habitués dans leur pays à des fermages de 150 à 200 francs par hectare, ne faisaient nulle difficulté pour en accepter de 80 à 90 francs; ils ne se doutaient pas qu'ils allaient trouver des terres moins riches et des ouvriers plus chers que chez eux. Malheureusement les propriétaires, séduits par ces offres brillantes, négligèrent trop souvent de s'assurer si les nouveaux venus avaient les capitaux et les qualités nécessaires pour réussir; quelques-uns de ces Flamands sont devenus d'excellents fermiers, mais on prétend que c'est le petit nombre. La concurrence des fermiers flamands ne fut pas la seule cause de la diminution du nombre des fermiers. Cette génération était composée d'hommes laborieux et économes qui connaissaient bien la culture, mais qui ne connaissaient qu'elle et ne songeaient à faire rien d'autre. Une partie de la nouvelle génération, tout en étant plus instruite et plus riche, est restée fidèle à la vie de la campagne; les fils sont les meilleurs cultivateurs du pays et les filles ne dédaignent pas de diriger, comme le faisaient leurs mères, le ménage de la ferme. Mais beaucoup d'entre eux (et le vide fut d'autant plus sensible que les familles étaient moins nombreuses qu'autrefois) abandonnèrent la carrière agricole; et l'on prétend que les filles furent encore plus vivement attirées que les fils par l'existence en apparence plus brillante et plus facile des grandes villes. Avec eux s'en allèrent une grande partie des capitaux formés par les bénéfices de la culture. Ils servirent à acheter des rentes sur l'État, des actions de chemins de fer, des valeurs de bourse de toutes sortes, ou à fonder des maisons de commerce, des manufactures, etc.

Ainsi commença à disparaître l'ancienne génération des fermiers qui avaient tant contribué à augmenter la richesse du département, et elle commença à disparaître au moment même où cette richesse arrivait à son apogée. Je crois devoir insister sur ce fait, parce qu'on dit et répète souvent que les fermiers riches et expérimentés ont abandonné la culture, parce qu'elle ne donne plus de bénéfices. C'est peut-être vrai pour les derniers survivants et pour les héritiers de ceux qui sont restés agriculteurs jusqu'à présent; ce n'est pas vrai pour le grand nombre, car les vides qui se sont produits ou qui se sont préparés à cette époque n'ont fait sentir leur influence que plus tard, quand les baux commencés furent arrivés à leurs termes et que l'on reconnut l'impuissance des fermiers sans capitaux par lesquels on avait essayé de les remplacer.

Pendant la durée même des contrats conclus avec cette hausse considérable des fermages et surtout dans la période de 1860 à 1883, les bénéfices des fermiers diminuèrent peu à peu, non seulement par suite de cette augmentation de loyer, mais surtout par suite de la désertion des ouvriers ruraux et de la hausse des salaires qui en fut la conséquence. Là encore nous allons voir que la dépopulation des campagnes n'a pas été, comme on l'a dit, la suite des souffrances de l'agriculture, mais qu'elle en a été la cause principale.

---

[1] Le revenu net imposable a été estimé en 1851 à 39,958,923 francs et en 1879 à 55,667,750 francs. L'augmentation a été de 15,708,827 francs, soit 39 p. 0/0.

[2] Il y eut alors de véritables courtiers ou commissionnaires en fermiers. On m'a cité un homme d'affaires, habitant le département du Nord, qui se chargeait de procurer des fermiers aux propriétaires du département de l'Aisne, moyennant une commission qui s'élevait à une proportion fixée d'avance et consentie par écrit, sur l'augmentation de fermage obtenue. Cette commission était de 15 à 20 francs par hectare loué.

HAUSSE DES SALAIRES.

C'est à partir de 1847 que notre premier réseau de chemins de fer fut construit, et les lignes qui mirent le département de l'Aisne en communication avec Paris, Reims et toutes les villes manufacturières du Nord contribuèrent à la prospérité de son agriculture, en facilitant la vente de ses produits.

Mais peu à peu les chemins de fer, en s'étendant d'abord à toute la France[1] et plus tard au monde entier, eurent des résultats qu'on est trop porté à confondre avec ceux des traités de commerce et qu'il m'importe, par conséquent, de bien expliquer.

D'abord, leur construction même enleva à l'agriculture une certaine quantité de bras et commença à produire une tendance à l'augmentation des salaires, puis les grandes villes servirent de jalons pour le tracé des principales lignes. Tous les avantages naturels, toutes les ressources industrielles et commerciales qui avaient déjà produit le développement de ces villes furent ainsi multipliés par les voies ferrées qui les traversent; leurs manufactures, trouvant plus de facilité pour obtenir leurs matières premières et pour écouler leurs marchandises, prirent un nouvel accroissement et offrirent des salaires plus élevés aux ouvriers dont elles avaient besoin [2]; de là une concentration de plus en plus prononcée de la population dans les villes. Non seulement Paris, Reims, etc., ont presque doublé, mais, dans le département même de l'Aisne, le nombre des habitants a augmenté dans l'arrondissement manufacturier de Saint-Quentin, tandis qu'il a diminué dans les arrondissements purement agricoles et surtout dans les communes éloignées des chemins de fer et des canaux, qui n'avaient ni usine à desservir, ni carrière à exploiter.

Il est vrai que les traités de commerce, en protégeant l'industrie à l'exclusion de l'agriculture, ont encore augmenté tous les avantages naturels que les chemins de fer procuraient aux grandes villes. Les traités de commerce ont agi dans le même sens et à peu près en même temps que les premiers chemins de fer, et c'est pour cela que les cultivateurs sont portés à confondre ces deux causes et à se plaindre d'autant plus vivement de la protection qui est accordée aux manufactures seules et qui les prive peu à peu de leurs ouvriers.

Malheureusement cette affluence vers les villes a coïncidé avec un ralentissement général dans l'excédent des naissances sur les morts, et la dépopulation des campagnes en a été d'autant plus forte.

De 1801 à 1846, l'accroissement de la population avait été très rapide dans le département de l'Aisne; elle avait été de 131,400 habitants (426,000 à 557,400), c'est-à-dire de 2,920 par an. De 1846 à 1881 les recensements quinquennaux donnent des alternatives de diminution et d'accroissement de population, anomalies qui proviennent sans doute de ce que ces recensements n'ont pas tous été faits par la même méthode.

La moyenne qui doit plus approcher de la vérité est 559,129 habitants; elle est à peu près restée stationnaire dans l'ensemble du département.

---

[1] La compagnie du Nord fut instituée en 1847. En 1852, elle avait la ligne de Paris à la frontière belge passant par Saint-Quentin. La ligne de Paris à Soissons lui fut concédée par décret de 1859.

[2] A Reims, le salaire des ouvriers fileurs et tisseurs, qui était inférieur à 2 fr. 25 cent. par jour avant 1850, monta rapidement jusqu'à 4 fr. 25 cent. en 1860 et 5 francs à partir de 1867.

Mais l'arrondissement de Saint-Quentin, dont la population était déjà en 1852 beaucoup plus dense que celle des autres arrondissements, a continué de 1852 à 1881 à gagner des habitants, tandis que les autres en ont perdu.

L'arrondissement de Soissons n'a que 54 habitants par 100 hectares, c'est une densité inférieure à la moyenne de la France, qui est d'environ 69 [1]. Elle a toujours été en diminuant depuis 1852. Elle était :

1852.....................................	71,856 habitants.
1866.....................................	71,589
1876.....................................	70,028
1881.....................................	70,349

CANTONS.	1852.	1876.	1881.
	habitants.	habitants.	habitants.
Braisne..........................	15,145	11,891	11,584
Oulchy-le-Château................	7,889	7,734	7,500
Soissons.........................	17,568	19,980	20,160
Vailly...........................	11,168	9,819	10,028
Vic-sur-Aisne....................	11,703	11,040	10,814
Villers-Cotterêts................	10,386	9,564	10,263

Ainsi, dans l'arrondissement de Soissons, la population du canton de Soissons a continué à s'accroître. Dans le canton de Villers-Cotterêts, le chiffre de la population n'a guère varié, mais elle s'est concentrée dans la ville. Les quatre autres cantons ont perdu des habitants, et, si on les examine commune par commune, on trouve que quelques communes qui ont des stations de chemins de fer ont augmenté, malgré la diminution de l'ensemble du canton. La dépopulation des communes qui sont éloignées des chemins de fer n'en est que plus sensible. Partout les voies de transport et les usines, exploitation de carrières, etc., qui se développent sur leur parcours, agissent comme les courants magnétiques qui attirent tout autour d'eux.

Ce qui a également contribué à rendre les ouvriers rares, c'est que beaucoup d'entre eux devenus propriétaires trouvent à employer tout leur temps sur leurs propres terres. Les femmes surtout, grâce au bien-être plus grand dont elles jouissent, restent à la maison, occupées des soins de leur ménage et de leur famille. Les enfants vont plus régulièrement à l'école et y restent plus longtemps.

Autrefois les grandes fermes trouvaient des ouvriers dans les villages voisins. Quelques-unes en trouvent encore; mais la plupart sont obligées d'avoir recours à des ouvriers nomades qui viennent par bandes au moment de la moisson. Ils ne manquent jamais; le voisinage des Flandres en fournit toujours assez et, sous ce rapport, le département de l'Aisne est dans des conditions moins défavorables que

[1] En 1852, il y avait dans les arrondissements suivants :

	HABITANTS.	HECTARES.	PAR 100 HECTARES.
Laon..........................	171,128	246,055	69 habitants.
Château-Thierry...............	64,489	118,871	54
Soissons......................	71,856	124,537	57
Vervins.......................	121,634	139,955	87
Saint-Quentin.................	129,879	107,309	121

certaines parties de la France, où il est quelquefois impossible d'en trouver assez. Mais la qualité fait, en général, plus défaut que la quantité et il faut les payer de plus en plus cher.

Quoi qu'il en soit, la concurrence des travaux industriels amena une hausse progressive des salaires, hausse qui se prononça surtout à partir de 1860 et ne tarda pas à doubler les frais de culture (voir le tableau de la page 11, note 1). Alors commença une période de plus en plus difficile pour les fermiers, surtout pour ceux qui avaient conclu leurs baux pendant les années de prospérité qui avaient précédé 1860.

Cette date de 1860 est pour tous les propriétaires et fermiers la date fatale qu'ils citent toujours comme marquant l'origine du déclin de leur agriculture. Comme cette date est également celle de la loi du 5 mai 1860, qui admit en franchise toutes les matières premières, ils sont persuadés que tout le mal vient des traités de commerce, et que, si les produits de leurs terres étaient protégés comme autrefois contre la concurrence étrangère, les souffrances de l'agriculture seraient immédiatement arrêtées.

Essayons d'apprécier la part qu'ont eue réellement ces traités de commerce dans la crise qui commença en effet à se dessiner après 1860 et dont les premiers symptômes provoquèrent l'enquête de 1866.

INFLUENCE DES PRIX DE VENTE DES PRODUITS AGRICOLES.

Blé. — D'après le relevé des prix des blés et seigles qui ont servi de bases d'appréciation pour les fermages des hospices de Soissons, le prix moyen de l'hectolitre a été pour la période de :

	BLÉ.	SEIGLE.
1831 à 1840	19f 04c	11f 39c
1841 à 1850	18 92	11 23
1851 à 1860	22 39	14 27
1861 à 1870	21 78	14 09
1871 à 1880	22 11	14 64
1881 à 1882	22 07	16 11
1883	18 27	11 81

D'un autre côté, l'Annuaire officiel du département de l'Aisne pour 1884 contient, à la page 313, les prix moyens des céréales des années 1850 à 1882. D'après ce tableau, les prix moyens, maxima et minima du blé, par périodes décennales ont été depuis 1850 par hectolitre :

	PRIX		
	MOYEN.	LE PLUS HAUT.	LE PLUS BAS.
1850 à 1859	21f 26c	30f 32c	13f 57c
1860 à 1869	20 92	26 23	15 87
1870 à 1879	21 62	27 29	18 74
1880 à 1882	21 49	22 39	20 79

On voit que depuis 1860 jusqu'en 1882 le prix moyen du blé n'a pas baissé; il a même été plus élevé que de 1831 à 1850.

Jusqu'en 1882, ce prix n'a donc pas contribué à diminuer les bénéfices des cultivateurs qui avaient assez de capital pour pouvoir vendre dans les moments favorables.

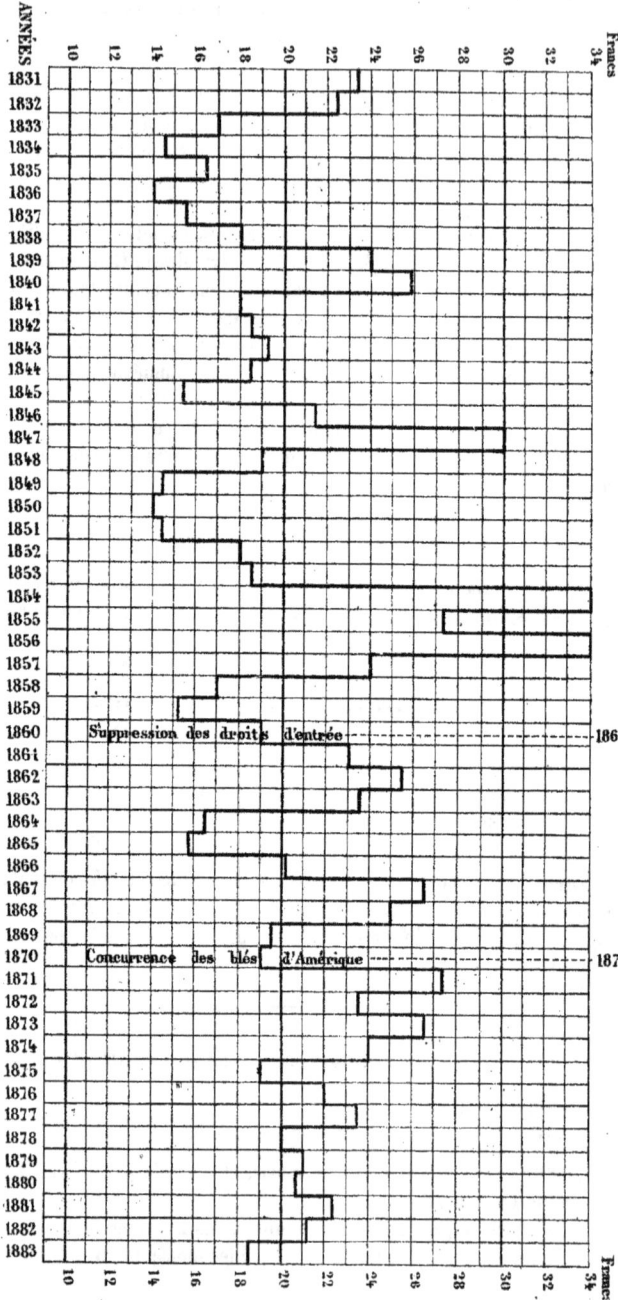

PRIX MOYENS ANNUELS DE L'HECTOLITRE DE BLÉ
DANS L'ARRONDISSEMENT DE SOISSONS

de 1831 à 1883.

La multiplication des moyens de transport de toutes sortes, d'abord en France et en Europe, puis en Amérique et sur les mers entre l'Europe et l'Amérique se bornait jusqu'en 1883 à niveler les prix, non seulement d'un pays à l'autre, mais d'une année à l'autre. Les prix ne descendent plus aussi bas qu'autrefois, mais, par contre, ils ne montent plus aussi haut qu'avant 1860 dans les années de mauvaise récolte. Le tableau graphique que voici indique la courbe des prix depuis l'année 1831. Sous ce dernier rapport, ils ont exercé, il est vrai, une influence fâcheuse sur la crise actuelle. Les fermiers n'ont pas trouvé dans la hausse du prix de vente une compensation pour la faiblesse des récoltes qu'ils ont eues pendant plusieurs années; ceux qui n'avaient pas fait d'économies, et malheureusement ils étaient nombreux, n'ont pas eu de quoi payer leurs fermages et se sont endettés de plus en plus.

Il est probable que le commerce des blés d'Amérique est à peu près arrivé à l'extrême limite de son développement. Je ne dis pas que les quantités produites chaque année n'augmenteront plus, mais elles auront à payer plus de frais, soit de production même, soit de transport. Les chemins de fer que l'on a construits si rapidement et en si grand nombre à partir de 1860 jusque dans les régions inhabitées du *Far West*, avaient, le long de leurs voies, des concessions de terres qu'ils cédaient à très bon marché pour attirer les colons et avoir du trafic. Mais les terres situées à proximité des gares commencent à s'épuiser, et il faut aujourd'hui ou y adopter des procédés de culture plus dispendieux ou, pour avoir de la prairie vierge, s'éloigner des lignes, ce qui oblige à construire des routes. Les compagnies de chemins de fer des États-Unis sont loin d'être dans une situation prospère. La concurrence exagérée qu'elles se font entre elles les a amenées à adopter des tarifs aussi ruineux pour elles-mêmes que pour les cultivateurs européens. Dans ces conditions, elles trouveront difficilement les capitaux nécessaires pour augmenter encore leur réseau. Sur mer, les frets sont également arrivés au plus bas possible et, malgré cette réduction anormale de tous les frais de transport, on prétend que les importateurs du blé viennent de faire une fort mauvaise campagne.

Mais, depuis 1875, un nouveau concurrent est venu apparaître sur les marchés de l'Europe : c'est le blé indien. On dit qu'il se produit presque pour rien, qu'il ne trouve pas de consommateurs aux Indes mêmes et que, grâce aux chemins de fer que l'on vient de construire dans le pays et au canal de Suez, il peut être livré dans nos ports à meilleur marché encore que le blé américain.

En 1883, le prix moyen n'a guère dépassé 18 francs l'hectolitre en France et en 1884 il est tombé peu à peu jusqu'à 16 francs. L'inquiétude de nos cultivateurs augmente de plus en plus et ils craignent de voir ces prix si peu rémunérateurs s'établir d'une manière permanente et peut-être tomber plus bas encore, à 13 ou 14 francs, comme l'a fait entrevoir un économiste éminent, M. Leroy-Beaulieu. Ces craintes sont-elles bien justifiées ?

Voici un extrait d'une lettre dans laquelle Sir James Caird, membre du Parlement anglais, donne des renseignements sur la production du blé aux Indes orientales :

«Le blé entre pour un dixième avec le riz, le millet, etc., dans l'alimentation de la population des Indes, population qui augmente très rapidement, quoiqu'elle ait été souvent décimée par la famine. Les premiers chemins de fer que les Anglais y ont construits ont précisément eu pour but d'empêcher le retour de ces désastres.

«Il est probable que l'accroissement de la consommation locale absorbera la plus

grande partie de l'accroissement de production qu'on peut prévoir. Cette production ne peut pas, du reste, se développer aussi facilement que dans l'Amérique du Nord, car les terres incultes ne sont pas, comme aux États-Unis, des prairies, mais des *jungles* [1], où l'on ne pourra faire du blé qu'après y avoir dépensé beaucoup de travail et de capitaux.

«Il résulte de là que l'exportation des blés indiens ne pourra devenir importante qu'après plusieurs années consécutives de bonnes récoltes.»

Quant aux frais de transport du blé indien depuis les lieux de production jusque sur nos marchés, Sir James Caird estime qu'ils seront, après l'achèvement complet des chemins de fer de la colonie, à peu près égaux à ceux qu'ont à supporter les blés américains depuis les États de l'Ouest jusqu'aux ports de l'Europe.

«Il n'y a donc pas lieu de craindre que les blés indiens fassent baisser les prix moyens des blés au-dessous de ce qu'ils sont actuellement en Europe.»

Un manuel d'agriculture pour l'Inde, rédigé par le lieutenant Frédéric Pogson (de l'armée royale du Bengale), membre honoraire de la société d'agriculture de l'Inde, et imprimé en 1883 à Calcutta, chez MM. Thacker, Spink et Cᵢᵉ, débute ainsi dans sa préface :

«Il a été constaté officiellement que la population de l'Inde augmente rapidement, tandis que la puissance productive de ses terres longtemps négligées ou épuisées décroît avec la même vitesse.» Et plus loin :

«La suppression sommaire de l'infanticide des filles (*female infanticide*) a porté ses fruits; et, si l'accroissement actuel de la population n'est pas suivi d'une production plus grande de nourriture sur la même étendue de terres, qui suffisait avec un mauvais système d'agriculture pour une population moins nombreuse, nous courrons au-devant d'un danger qu'il faut prévoir et chercher à éviter.»

D'un autre côté M. William Fowler, membre du Parlement, a publié dans le numéro de février 1884 d'une revue anglaise (*The nineteenth century* ou *le XIXᵉ siècle*) un article intitulé *India, her wheat and her railways* (l'Inde, son blé et ses chemins de fer), qui a été très remarqué en France comme en Angleterre, à cause des détails qu'il donne sur la production du blé aux Indes, sur la rapide extension que cette production a déjà prise et sur celle qu'elle peut prendre encore.

Le but de M. Fowler est de provoquer une activité plus grande dans la construction des chemins de fer aux Indes. A la suite de la famine d'Orissa, les commissaires du Gouvernement (*famine commissionners*) proposèrent la création des chemins de fer; ils considéraient 20,000 milles de chemins de fer comme nécessaires. On n'en a que 10,000 milles pour 1,377,000 milles carrés de territoire et 250 millions d'habitants, tandis que l'Amérique en a 100,000 milles. Il a fallu trente ans pour les faire. Mais comment se procurer les capitaux nécessaires pour les achever rapidement?

Voilà la question principale que M. Fowler examine, et il la traite en habile avocat de la cause qu'il cherche à gagner. Pour avoir des chemins de fer, il faut ou que le Gouvernement fournisse lui-même les capitaux et se les procure au moyen d'emprunts dont il aura à payer les intérêts, ou qu'il donne une garantie d'intérêts aux compagnies qui les fourniront. Pour assurer ce payement d'intérêts, l'auteur fait entrevoir un immense développement dans la production du blé. Cela veut-il dire non seulement que

---

[1] Sortes de *maquis* presque impénétrables.

l'exportation de ce blé assurera aux nouvelles lignes un trafic important, mais que le gouvernement des Indes, qui est propriétaire de la plupart des terres et les afferme, moyennant une taxe, aux paysans ou *ryots* qui les cultivent, pourra augmenter cette taxe?

Ainsi la production du blé pourra beaucoup augmenter dans les Indes orientales. Elle est actuellement de 6 millions et demi de tonnes et pourra être doublée, comme l'affirme M. Fowler d'après la chambre de commerce de Bombay, mais il faudra, suivant sir James Caird, défricher des *jungles*; suivant M. Fr. Pogson, améliorer les procédés de culture et réparer l'épuisement des terres, et, suivant M. Fowler, payer les terres plus cher. C'est dire que, d'une façon ou de l'autre, les frais de production s'accroîtront.

Le commissaire du Gouvernement pour les provinces centrales estime, dans un rapport daté du 21 juillet 1883, que le premier coût (*the first cost*) du blé dans les districts voisins du chemin de fer est de 6 à 7 francs les 100 kilogrammes, pas beaucoup moins, ajoute-t-il, que dans le nord-ouest de l'Amérique.

Mais, en Asie comme en Europe, les prix de revient sont essentiellement variables et sujets à discussion. Ce qu'il importe de connaître, ce sont les prix de vente sur les marchés indiens.

Or, voici, d'après des documents officiels, les prix moyens pour 100 kilogrammes de blé depuis 1861, époque où les premiers chemins de fer ont été construits, jusqu'en 1883, sur les marchés de Mooltan et de Delhi, districts qui exportent du blé, et à Calcutta, port d'embarquement. On y a joint le prix de Bellary, district des Indes qui ne produit pas de blé et en importe lui-même pour sa consommation.

PÉRIODES.	MOOLTAN.	DELHI.	CALCUTTA.	BELLARY.
1861 à 1863.....................	10f 80c	8f 00c	10f 80c	17f 20c
1866 à 1868.....................	14 00	9 20	12 00	36 00
1871 à 1873.....................	10 80	9 20	14 40	20 00
1876 à 1878.....................	12 00	10 00	14 40	22 00
1881 à 1883.....................	12 80	10 80	13 60	11 00

On voit que les chemins de fer ont déjà produit un nivellement de prix très sensible entre les différents marchés indiens; ces prix ont monté à Mooltan et à Dehli, districts producteurs, et ils ont baissé à Calcutta et à Bellary, districts consommateurs.

Le 13 octobre 1884, le froment club n° 1 était coté à Calcutta 11 fr. 90 cent. les 100 kilogrammes et le n° 2, 11 fr. 10 cent. Le même jour, le froment blanc de Dehli était coté 11 fr. 40 cent. sur le marché de Bombay.

Comme les frais de transport par chemin de fer de Delhi à Bombay sont de 4 fr. 68 cent. par 100 kilogrammes, cela ferait supposer que le blé ne vaut actuellement que 6 fr. 82 cent. sur le marché de Delhi, c'est-à-dire beaucoup moins que la moyenne de 10 fr. 80 cent. qu'il avait atteint de 1881 à 1883 et à peine de quoi payer le 1er coût (6 à 7 fr.) indiqué par le commissaire du Gouvernement anglais pour les districts voisins du chemin de fer.

D'après cela, il y a répercussion des bas prix que nous avons en Europe jusqu'à Dehli, au fond des Indes orientales, et il est probable que les producteurs indiens s'en plaignent comme les producteurs français et anglais. Dans tous les cas, je doute que ces prix les encouragent à défricher des *jungles* ou à payer un fermage plus élevé de leurs terres. Les prix des blés paraissent être partout, en Asie comme en Europe et en Amérique, au centre d'une de ces périodes de dépression qu'on pourrait comparer à certaines périodes de dépression atmosphérique. Par suite d'un concours de circonstances qui se présente rarement, le baromètre des prix est au plus bas; il ne pourra que remonter.

A la même date du 13 octobre, le fret par steamer *via* canal était coté à Calcutta 26 francs la tonne, soit par 100 kilogrammes 2ᶠ60ᶜ

Il faut y ajouter pour frais de mise à bord à Calcutta 0 20

pour assurance maritime 0 30

pour frais de déchargement et taxe d'entrée en France 1 00

cela fait un total de 4 10

à ajouter au prix actuel qui est de 11 fr. 10 cent. à 11 fr. 90 cent. à Calcutta. Le blé coûte donc aux importateurs de 15 fr. 20 cent. à 16 francs les 100 kilogrammes. Il faut y ajouter les intérêts de leur capital et leurs bénéfices, bénéfices qui peuvent être satisfaisants pour ceux qui ont acheté récemment, mais qui sont nuls pour ceux qui avaient fait il y a 5 ou 6 mois des marchés à livrer.

Outre les blés indiens, ceux de l'Australie et de la Nouvelle-Zélande ont commencé à faire leur apparition dans les ports de l'Europe. Mais la main-d'œuvre est très chère dans ces colonies et l'on prétend que le cultivateur y est en perte, s'il ne vend pas son blé sur place au moins 20 francs les 100 kilogrammes.

Pour suffire à sa consommation, l'Europe est obligée d'importer en moyenne 80 à 85 millions d'hectolitres de blé par an. Là-dessus, l'Amérique du Nord en fournit de 40 à 45 millions, l'Inde britannique de 25 à 30, les autres pays (l'Australie, le Chili, l'Égypte et l'Algérie) le reste. Il faut qu'il y ait à la fois en Europe et dans tous ces pays coïncidence de bonnes récoltes pour que les prix tombent au taux qu'ils ont atteint en 1884. Mais il faut tenir compte des excès d'humidité qui font quelquefois manquer les récoltes en Angleterre, comme les excès de sécheresse les font manquer dans ses colonies.

Quand nous connaîtrons dans six ou sept ans la moyenne du prix du blé en France de 1884 à 1890, il est probable qu'elle sera inférieure à la moyenne de 21 francs qui s'était maintenue jusqu'en 1881, malgré la concurrence de l'Amérique, mais je doute qu'elle soit au-dessous de 18 à 19 francs l'hectolitre ou 23 à 24 francs les 100 kilogrammes.

Cela n'empêche pas que les cultivateurs auxquels le blé coûte 20 francs l'hectolitre sont en perte. Pour abaisser ce prix de revient, il faudrait ou réduire le fermage, ou améliorer les procédés de culture, ce qui exige à la fois du temps et du capital. On est découragé; on est inquiet de l'avenir. On veut des remèdes immédiats, parce que les ruines sont imminentes.

Moutons. — D'après un état du prix moyen des laines depuis 1789 qui a été publié par la chambre de commerce de Reims, et que M. Lothelain, président du comice agricole, a eu l'obligeance de compléter jusqu'en 1883 à l'aide de renseignements que lui a fournis M. le secrétaire de la chambre de commerce, le prix du kilogramme de laine de Brie, *lavée à dos* et classée de 4° qualité avant 1868 (les brie 1°°, 2° et 3° ne se trouvent plus), a été :

1840 à 1849	6ᶠ 30°
1850 à 1859	6 38
1860 à 1869	5 73
1870 à 1879	3 72

Puis le tableau donne pour les laines de Brie et du Soissonnais, les prix moyens :

	LAINE BRUTE.	DÉGRAISSÉE À FOND.
1880	2ᶠ 50°	7ᶠ 50°
1881	2 00	6 00
1882	2 10	6 35
1883	2 00	6 10

La baisse du prix de vente des laines a été depuis 1860 d'environ 50 p. o/o.

Est-ce le résultat de la loi du 5 mai 1860 qui a supprimé le droit d'entrée de 22 p. o/o *ad valorem* qui existait auparavant?

Les éleveurs en sont persuadés, mais les manufacturiers observent qu'une grande partie des tissus qu'ils fabriquent s'exporte et que, pour suffire à cette fabrication, il faut qu'ils achètent à l'étranger, principalement à l'Australie, plus de la moitié des laines qu'ils emploient et que par conséquent, si ces laines d'Australie avaient à payer un droit d'entrée en France, les fabricants étrangers les achèteraient d'autant meilleur marché et feraient une concurrence d'autant plus grande à leur exportation. Du reste, les laines d'Australie ont d'autres qualités que les laines de France : elles sont plus fines, elles servent à faire d'autres articles ou sont nécessaires pour fabriquer certains tissus où il faut des unes et des autres.

Dans une notice sur l'industrie lainière, M. Poulain, ancien maire de Reims, cherche à prouver que ce ne sont pas les importations de laines étrangères qui règlent le prix de la laine en France, mais que ce sont les exportations de tissus qui règlent ce prix.

En ce moment, l'industrie de la laine subit, comme beaucoup d'autres industries, une crise.

La fabrication paraît dépasser les besoins de la consommation; les magasins de Reims regorgent de marchandises qui ne trouvent pas d'écoulement, et cette situation tend à faire baisser de plus en plus le prix de la matière première. Les hivers doux que nous venons d'avoir sont en partie cause de cet excédent de la production sur la consommation. Peut-être les prix se relèveront-ils un peu dans un ou deux ans.

Le fait est que la laine des troupeaux rapporte aujourd'hui 50 p. o/o de moins qu'autrefois, mais par contre la viande se vend environ un tiers plus cher et les moutons pèsent en moyenne 10 à 15 kilogrammes de plus. Dans ces dernières années, le poids des moutons livrés à la boucherie de Paris par le département de l'Aisne a varié de 18 à 28 kilogrammes. En 1840, ce poids n'avait pas dépassé, en moyenne, 14 kilogrammes par tête.

Chez les troupeaux des fermiers qui ont assez de capital pour se procurer de bons béliers et donner une bonne nourriture, il y a compensation entre la diminution de la valeur des laines et l'augmentation de la valeur des animaux. Si ces troupeaux rapportent moins, cela provient surtout de l'accroissement des gages des bergers.

La variété de mérinos du Soissonnais a une réputation universelle. Ils sont devenus, comme on l'a dit, des *southdowns* par les formes et la précocité, tout en restant des mérinos par la qualité de la laine. C'est une race qui a encore un grand avenir devant elle.

En 1882, M. Vion, rapporteur du jury pour la prime d'honneur de l'Aisne, a montré que, de 1846 jusqu'à 1881, le troupeau d'Oulchy-le-Château, composé en moyenne d'environ 1,300 têtes, avait rapporté brut :

Par la location et la vente des béliers.........................	829,412 francs.
Par les bêtes vendues à la boucherie.........................	235,897
Par la vente de la toison.................................	400,425
TOTAL des 34 années.....................	1,465,734
Soit, par an...	43,109

J'ai été étonné qu'avec cette immense renommée des moutons du Soissonnais il y ait si peu d'éleveurs qui cherchent à en profiter pour vendre des reproducteurs à l'étranger. Il y a là une ressource dont l'agriculture du Soissonnais ne sait pas assez tirer parti et cela provient sans doute, comme beaucoup d'autres choses que j'aurai à signaler, de la rareté des capitaux chez les fermiers.

Il est vrai que la vente des béliers de choix ne peut pas se faire partout et que celle des mérinos fournit à nos concurrents les moyens de produire ces immenses quantités de laine avec lesquelles ils encombrent nos marchés. Mais, si tous ne peuvent pas vendre aux étrangers ces machines à faire de la laine, il faut que les autres éleveurs du département de l'Aisne cherchent à fabriquer plutôt la viande, qui devient de jour en jour plus chère, que la laine qui se vend de moins en moins bien, et se servent pour cela de ces autres machines vivantes, moutons à viande précoce, que les Anglais ont inventées. En croisant les mérinos avec du sang *dislhey* ou avec des *southdowns,* on peut obtenir aujourd'hui les mêmes bénéfices qu'autrefois avec les mérinos purs. Mais pour cela il faut encore du capital.

Tandis que les éleveurs de moutons se plaignent du bas prix des laines et des animaux, les engraisseurs se plaignent, au contraire, de la cherté de ces animaux à l'état maigre. Comme nous l'avons vu, c'est l'engraissement des moutons qui domine dans une grande partie du département de l'Aisne. La culture de la betterave en a chassé l'élevage, qui se maintient seulement dans la partie méridionale, sur les confins de la Champagne et de la Brie.

Sous le régime de la loi du 17 mai 1826, les moutons payaient, d'après le tarif général, 5 francs par tête de droit d'entrée en France; une convention spéciale avait fixé ce droit à 4 francs pour les moutons de provenance sarde.

Ce droit fut réduit à 3 francs par le décret du 14 septembre 1853 et à 30 centimes par la loi du 16 mai 1863. Depuis 1881, il est de 2 francs.

Malgré ces abaissements successifs des droits, le prix de la viande augmenta de plus en plus. C'était la conséquence de la hausse des salaires et de l'amélioration du régime alimentaire des ouvriers. La hausse des salaires diminuait le produit net du cultivateur, mais cette diminution s'atténua indirectement par l'augmentation de la viande. Il est vrai que cette augmentation profita surtout aux pays d'élevage et aux pays de pâturages qui élèvent avec peu de dépenses de main-d'œuvre; mais il faut que les agriculteurs sachent diriger leurs productions dans le sens le plus avantageux. Il est vrai aussi que le prix de la viande augmenta bien plus au détail, sur l'étal du boucher, que sur pied, dans l'étable du cultivateur ou sur le marché au bétail.

Les bénéfices des marchands et des bouchers sont peut-être trop grands. Ces derniers prétendent, non sans quelque raison, que le cinquième quartier, qui payait autrefois leurs frais de boucherie, ne rapporte presque plus rien depuis que la concurrence des suifs et des peaux de l'Amérique du Sud a fait baisser leurs prix. Dans tous les cas, il y a un moyen fort simple de faire concurrence aux bouchers; c'est par les sociétés coopératives formées, soit entre producteurs, soit, et je crois que cette dernière combinaison est la plus pratique, entre consommateurs. L'association a sa raison d'être quand les particuliers font payer trop cher les services qu'ils rendent.

Bêtes à cornes. — Si le nombre des moutons a diminué, celui des bêtes à cornes est en augmentation. Il y avait en 1882 :

ARRONDISSEMENTS.	TAUREAUX.	BŒUFS		VACHES.	ÉLÈVES		VEAUX.
		de TRAVAIL.	à L'ENGRAIS.		D'UN AN et AU-DESSUS.	de SIX MOIS à UN AN.	
Château-Thierry......	321	1,765	83	10,221	2,512	1,248	1,067
Laon	677	4,673	1,189	22,986	4,056	2,252	1,910
Saint-Quentin........	513	2,211	737	10,651	2,095	973	826
Soissons............	354	3,138	572	9,425	1,229	624	1,049
Vervins	817	361	1,346	26,609	6,647	4,254	2,125
Totaux.........	2,682	12,148	3,927	80,092	16,539	9,351	6,977

Comme nous l'avons vu, c'est dans l'arrondissement de Vervins que l'élevage des bêtes à cornes, l'engraissement des bœufs et l'industrie laitière ont pris le plus de développement. Leur extension est liée à celle des prés et des herbages qui font tache d'huile autour de la Thiérache, mais qui, dans les autres arrondissements, ne peuvent être établis que le long des vallées et sur quelques points du Tardenois et de la Brie. Ailleurs la nature des terres et l'absence d'eau rendent leur établissement très difficile.

Sur les plateaux où sont les grandes fermes à céréales et à betteraves, on ne tient que les vaches nécessaires pour obtenir du lait pour la consommation locale et l'on n'élève que les génisses destinées à remplacer leurs mères. Le lait se vend ordinairement sur place 20 centimes le litre. Quelques cultivateurs font du beurre, mais ils ne sont pas nombreux.

Les fermiers qui font beaucoup de betteraves se procurent des bœufs nivernais, comtois, etc., pour aider leurs chevaux dans les charriages et les labours d'automne, et ils les engraissent ensuite. Quelquefois ils achètent des bœufs ou des vaches maigres pour les engraisser immédiatement avec des pulpes de sucrerie et des tourteaux.

Betteraves à sucre. — Le tableau suivant nous donne la progression qu'a suivie le développement de la fabrication du sucre de betteraves dans le département de l'Aisne :

	NOMBRE DE FABRIQUES.	SUCRE BRUT PRODUIT.
1813..................................	8	"
1831..................................	12	400,000 kilogr.
1840 à 1841...........................	36	2,800,000
1844 à 1845...........................	29	3,700,000
1848 à 1849...........................	28	3,600,000
1851 à 1852...........................	32	6,700,000
1857 à 1858...........................	55	25,460,000
1865 à 1866...........................	76	51,900,000
1873 à 1874...........................	87	92,000,000
1874 à 1875...........................	88	110,290,000
1875 à 1876...........................	90	98,800,000
1876 à 1877...........................	86	69,000,000
1877 à 1878...........................	89	88,300,000
1878 à 1879...........................	89	97,600,000
1879 à 1880...........................	91	71,000,000
1880 à 1881...........................	91	77,206,000
1881 à 1882...........................	91	78,487,000
1882 à 1883...........................	91	81,378,637

La production des betteraves était estimée :

1877....................	47,280 hectares	12,292,800 quintaux.
1878....................	51,073	15,321,900
1879....................	60,537	11,086,141
1880....................	52,794	15,531,995
1881....................	{ 48,440	15,316,244 betteraves à sucre.
	6,915	2,392,590 betteraves fourragères.
1882....................	{ 50,525	16,168,000 betteraves à sucre.
	5,975	2,091,250 betteraves fourragères.

La situation de l'industrie sucrière a été l'objet d'une enquête spéciale. Je n'ai donc à m'occuper que de son influence sur les prix qu'elle permet de payer aux cultivateurs pour les betteraves plus ou moins riches en sucre.

Je trouve, dans le rapport de M. Vallerand sur la ferme de Moufflaye que cette ferme avait produit :

	Prix de vente. Les 1,000 kil.	Produit brut à l'hectare.
En 1856, une moyenne de 48,000 kilogr. à l'hectare de betteraves..	21f 25c	1,020f 34c
En 1857, une moyenne de 49,333 kilogr. à l'hectare de betteraves..	26 00	1,281 14
En 1858, une moyenne de 32,264 kilogr. à l'hectare de betteraves..	17 75	572 06

On dit que M. Vallerand cherchait plus à obtenir la quantité que la qualité des betteraves et que la plupart des cultivateurs l'imitaient. On voit par les chiffres ci-dessus à quels énormes produits bruts il pouvait souvent arriver, en vendant ces betteraves au prix moyen de 20 francs les 1,000 kilogrammes, prix qui s'est maintenu jusqu'à ces dernières années.

Mais aujourd'hui nos fabricants, serrés de plus en plus près par leurs concurrents de l'Allemagne et de l'Autriche, ne veulent plus s'engager à payer 20 francs [1],

---

[1] Depuis que ces lignes ont été écrites, les prix consentis par les fabricants ont encore baissé.

qu'à la condition que les betteraves aient une densité de 5°,5. Les betteraves moins riches sont payées 5o à 6o centimes de moins par chaque dixième de degré au-dessous de cette densité normale et jusqu'à 5 degrés, et 1 franc de moins de 5 degrés à 4°,5. Certains fabricants refusent même d'accepter les betteraves qui marquent moins de 4°,5, parce qu'il les considèrent comme impropres à la fabrication.

Il est vrai que le prix des betteraves augmente aussi de 5o à 6o centimes par 1,000 kilogrammes pour chaque dixième au-dessus de 5° 5 et même de 1 franc pour chaque dixième au-dessus des 6 degrés, en sorte que la tonne de betteraves à 6 degrés sera payée 22 fr. 5o cent., et à 6°,2 de densité, elle atteindrait le prix de de 24 fr. 5o cent. Mais beaucoup de cultivateurs, peu habitués à faire des betteraves riches, craignent néanmoins de ne plus revoir les produits bruts qu'ils obtenaient autrefois avec leurs 4o,000 à 5o,000 kilogrammes à l'hectare de betteraves à 4°,5 ou moins encore. Dans les terres du département de l'Aisne, il est aussi bien possible de faire par hectare 3o,000 à 35,000 kilogrammes de betteraves valant 23 à 24 francs la tonne, qu'en Allemagne et en Autriche; mais, pour cela, il faut des agriculteurs qui aient assez de capital pour acheter de bons engrais chimiques et assez de savoir pour bien choisir et bien employer ces engrais.

La plupart des conventions entre fabricants et cultivateurs portent que ces derniers pourront racheter les pulpes correspondantes aux betteraves qu'ils ont livrées (2o à 22 p. o/o du poids des betteraves pour les pulpes de presse) au prix de 6 francs la tonne. Comme ces pulpes se payent ordinairement 1o francs, il y a, de ce côté-là, encore un certain profit pour les cultivateurs (8o centimes à 1 franc par tonne livrée).

La diffusion fournit 3o à 33 p. o/o de pulpes. Les fabricants veulent faire payer ces pulpes six dixièmes du prix d'un poids égal de pulpes de presse. Mais certains cultivateurs prétendent qu'elles ne valent pas autant. Avec les pulpes de presse, on pouvait à la rigueur se passer de tourteaux dans la ration alimentaire du bétail, tandis qu'aux pulpes de diffusion, qui sont plus aqueuses et plus laxatives, il est absolument nécessaire d'adjoindre des tourteaux et des fourrages secs. Ces tourteaux se payent bien par l'engraissement plus rapide des animaux et la richesse plus grande des fumiers, mais encore faut-il avoir de quoi les acheter.

Outre les fabriques de sucre, il y a dans le département quelques distilleries qui emploient des betteraves comme matières premières. Il y en a, entre autres, une qui est très importante et très bien dirigée : celle de MM. Blanjot et Beauchamp, à Vaux-rot, près de Soissons.

Les distillateurs se plaignent également de la concurrence des Allemands, qui ont, comme les fabricants de sucre, une prime de sortie qui résulte de leur législation fiscale. Ils se plaignent de la concurrence des vins d'Espagne, qui entrent en France chargés de 5 p. o/o d'alcool de provenance belge ou allemande, en sorte qu'ils titrent 15 p. o/o au lieu de 1o p. o/o, qui est leur contenance naturelle en alcool, et servent à viner nos vins faibles du Midi. Il vaudrait mieux, disent-ils, autoriser le vinage en franchise. Enfin ils se plaignent de la concurrence des distillateurs français qui emploient, comme matière première, des maïs d'Amérique qui ne payent pas de droits d'entrée, ou plutôt ils disent que cette concurrence les empêche de payer plus cher les betteraves aux cultivateurs.

SITUATION ACTUELLE DES FERMIERS.

Ainsi les prix de vente des principaux produits de l'agriculture du département de l'Aisne se sont maintenus jusqu'en 1881 au taux moyen qu'ils obtenaient depuis une vingtaine d'années. Si la laine a perdu, sa baisse était souvent compensée par la valeur plus grande de la viande. Jusqu'en 1881, le produit brut des terres n'a donc guère diminué dans les fermes bien entretenues, mais il a été plus faible dans les fermes qui manquaient d'un capital d'exploitation suffisant.

Cependant, depuis l'année dernière, l'horizon s'est assombri et le découragement a augmenté, parce que le prix de l'hectolitre de blé est tombé à 17 francs, puis au-dessous de 16 francs; parce que le prix des sucres a également subi une forte baisse et que les fabricants ne veulent plus payer les betteraves 20 francs; parce que l'écart entre le prix du bétail maigre et celui du bétail gras laisse moins de chance de bénéfice à l'engraisseur; et enfin parce que la laine a de plus en plus diminué de valeur à cause de la crise industrielle.

Si, jusqu'en 1881 et 1882, le produit brut en argent de la terre n'avait encore subi qu'une faible réduction, sa répartition entre les divers agents de la production agricole s'était beaucoup modifiée depuis quarante et surtout depuis vingt ans; la part des ouvriers avait presque doublé, celle des propriétaires avait augmenté d'environ 50 p. o/o et, par conséquent, celle du fermier, qui avait été également très grande, diminuait depuis quelques années de plus en plus.

Voici des chiffres qui me paraissent assez bien exprimer la situation des fermiers avant 1865 et après 1880. S'ils ne sont pas partout rigoureusement exacts et s'ils varient un peu suivant la situation et la nature des terres ainsi que suivant les modes de culture, ils représentent bien les faits que je veux mettre en évidence :

		Avant 1865.	1880 à 1882.
		Par hectare.	Par hectare.
Dépenses diverses payées par le fermier.	Réparation des bâtiments et du mobilier.....	20ᶠ	30ᶠ
	Impôts, prestations et assurances..........	15	20
	Achat d'engrais, fourrages, semences, etc.....	100	100
Salaires et gages...		90	140
Fermage..		50	75
	Total des frais et fermage.........	275	365

Si l'on déduit ces deux sommes du produit brut qui s'est maintenu à une moyenne de 400 francs, par hectare, on voit qu'avant 1865 il restait au fermier 125 francs, et qu'en 1881 il ne lui restait plus que 35 francs pour payer son travail, les risques et les intérêts d'un capital d'exploitation, qui doit être d'au moins 500 à 600 francs par hectare.

En 1882, le produit brut a diminué. Pour la plupart des fermiers, les campagnes de 1883 et 1884 se sont soldées par zéro ou par des pertes plus ou moins considérables. Ils sont aujourd'hui sous cette triste impression, et ils craignent que la situation ne s'améliore pas.

Voilà pourquoi ils ne veulent plus renouveler leurs baux aux mêmes conditions que de 1860 à 1870.

On peut qualifier ces fermiers de timorés, de mauvais cultivateurs; on peut leur citer des terres dont le produit brut dépasse la moyenne de 400 francs par hectare. Mais ils répondent que, pour obtenir ces forts rendements, il faut avoir recours à des labours profonds qui exigent plus d'attelage et qui font plus de mal que de bien, si l'on n'augmente pas en même temps les doses d'engrais; que tout cela entraîne une nouvelle augmentation de capital qui reste en partie enfoui dans le sol et qu'il est impossible de réaliser à fin de bail, si ce bail n'est pas très long ou ne renferme pas des clauses spéciales pour le remboursement des améliorations non épuisées; qu'en définitive les capitaux employés à l'exploitation d'une ferme devraient rapporter en moyenne 10 p. o/o comme les capitaux industriels. Certains propriétaires se rendent à ces raisonnements et, après avoir discuté, on s'arrange avec une réduction de 20 à 30 p. o/o. D'autres, principalement ceux qui font gérer leurs domaines par des tiers et qui connaissent à peine leurs fermiers, se défient de la valeur réelle de ces plaintes et refusent la réduction demandée; le bail, qui se renouvelle ordinairement deux ou trois ans avant son expiration, reste en suspens et quelquefois il se termine, sans qu'on ait pu se mettre d'accord. La ferme n'a-t-elle réellement pas trouvé preneur, même avec une forte réduction, ou n'en a-t-elle pas trouvé aux conditions que le propriétaire voulait maintenir? Il est presque toujours difficile de le savoir exactement. Dans ce cas, la ferme reste plus ou moins longtemps sans locataire, et le propriétaire est obligé de l'exploiter à son compte, s'il ne veut pas perdre tout revenu.

Pour les marchés de terre dépourvus de tout bâtiment d'exploitation, les propriétaires se trouvent dans une situation plus dépendante encore de ceux qui peuvent seuls les faire valoir. Aussi la baisse des loyers est-elle beaucoup plus forte sur les marchés de terre que sur les fermes complètes et, si l'on cite quelques champs qui ont été loués à la seule condition de payer les impôts pendant la première année, ou qui sont laissés en friche, ce sont des marchés de terre. Nous avons vu que ces champs abandonnés sont, en général, ou trop éloignés des fermes ou de nature trop ingrate pour que la culture en soit profitable et que, d'ailleurs, leur proportion est encore très faible. Mais je ne serais pas étonné que cette proportion vînt à augmenter d'une façon très sensible.

La plupart des fermiers, dont la situation avait été l'objet de l'enquête de 1867, ont terminé les baux qui les engageaient alors. Voici d'après quelques cultivateurs, dont les renseignements m'inspirent toute confiance, les résultats des années de culture qui ont suivi cette enquête. En 1867, pendant que l'enquête se poursuivait, les prix des blés s'étaient relevés à 28 francs l'hectolitre et ils se maintinrent malgré les bonnes récoltes de 1868, 1869 et 1870. Les comptes se soldèrent ainsi qu'il suit :

1869. Bénéfice.

1870. Bénéfice.

1871. Perte. Blés gelés et désastres de la guerre.

1872. Bénéfice.

1873. Bénéfice.

1874. Très bonne année.

1875. Perte, peu de blé.

1876. Perte (blés gelés) chez les uns, année passable chez les autres.

1877. Bénéfice.

1878. Perte chez les uns, année passable chez les autres.

1879. Pertes considérables.

1880. Bénéfice.

1881. Bénéfice.

1882. Perte chez les uns, année passable chez les autres.

1883. Bonne récolte, mais prix faibles.

Les prix de vente de 1867 à 1869 avaient calmé les esprits sur les résultats des traités de commerce; on reconnut que la diminution des bénéfices faits par les cultivateurs provenait beaucoup moins de ces traités que de la hausse des salaires. Les fermages se maintinrent à peu près au même taux qu'avant l'enquête; ceux des hospices de Soissons continuèrent même à monter jusqu'en 1874.

La période décroissante ne commença qu'en 1875. Il y eut alors, de 1875 à 1879, sur cinq années successives, une seule année réellement bonne. Les ressources des fermiers s'épuisèrent et la gêne survint chez beaucoup d'entre eux.

Quand ces situations difficiles se produisent, on cherche à les dissimuler aussi longtemps que possible, mais elles s'aggravent dans le silence qui les entoure. On cherche à obtenir des avances des meuniers et des fabricants de sucre, mais pour les obtenir, il faut consentir ordinairement à vendre moins cher. Pour faire de l'argent, on mène au marché tout le bétail qui n'est pas strictement nécessaire pour le travail de la ferme, la consommation des fourrages et la production du fumier. Les fourrages occupaient déjà peu de place, on fut tenté de leur en enlever encore pour faire plus de betteraves et plus de blé [1]. Cela n'aurait pas grand inconvénient, si l'on rachetait en retour beaucoup de pulpes ou d'engrais chimiques. Mais un fermier, qui n'a plus rien, ne peut plus rien acheter. Il ruine ses terres tout en précipitant sa propre ruine. Peut-être même les bœufs et les chevaux, avec lesquels il laboure, ne sont-ils pas payés; peut-être les moutons qui sont dans la bergerie ne lui appartiennent-ils pas [2]. Payer un fermage dans des années comme 1879 lui est impossible. Certains propriétaires prennent patience; quelques-uns même, je pourrais en citer, aident leur malheureux fermier et lui font des avances. Mais d'autres moins bons ou, j'aime à le croire, ignorant les vraies causes de la misère de leur fermier, parce qu'ils vivent loin de lui et qu'ils connaissent à peine leur terre, s'imaginent qu'ils trouveront aisément à le remplacer et font saisir le pauvre cheptel pour payer les termes arriérés. Quelquefois ce sont d'autres créanciers qui provoquent la vente judiciaire, mais c'est le propriétaire qui, en vertu de son privilège, reçoit tout le produit de la vente, et ceux qui en ont pris l'initiative en sont pour leurs frais. Peut-être est-ce pour cette raison que le nombre des saisies est moins grand en 1884 qu'en 1883.

En résumé, les ouvriers agricoles ne souffrent pas, car ce sont, au contraire, surtout leurs salaires de plus en plus élevés qui ont amené la crise. Les fermiers, qui ont des capitaux suffisants ne gagnent plus rien depuis deux ans ou sont obligés de couvrir leurs pertes avec une partie des bénéfices antérieurs. Les cultivateurs qui ont pris, il y a huit ou dix ans, des fermes trop chères et trop grandes pour les capitaux dont ils disposaient, sont dévorés à la fois par les dettes et les mauvaises années qu'ils ont eu à traverser; ils se ruinent. Beaucoup de propriétaires n'ont pas touché les fermages sur les-

---

[1] De 1862 à 1882, le nombre des moutons a diminué d'environ un tiers. Il est tombé de 991,330 à 685,884 têtes.

Les moutons ont été remplacés en partie par des bœufs ou des vaches. Au lieu de 910 têtes de gros bétail en 1862, il y en a 2,414 en 1882. C'est une augmentation de 1,504 têtes, mais elle n'équivaut pas même à la moitié des moutons disparus.

[2] M. X., marchand de moutons, a prêté pour environ 500,000 francs de moutons à des cultivateurs qui n'ont pas eu de quoi en acheter pour consommer leurs fourrages et pulpes. Ces cultivateurs ont tous les frais d'engraissement et M. X., qui se charge de l'achat des bêtes maigres et de la vente des bêtes grasses, prend 30 à 40 p. 0/0 sur l'écart. Il est même probable qu'il y ajoute une commission pour l'achat et la vente.

quels ils comptaient; ils sont forcés de consentir à une réduction pour les nouveaux baux ou de faire cultiver eux-mêmes leurs terres, ce qui exige une mise de fonds qu'ils ont de la peine à se procurer en ce moment. Tous diminuent leurs dépenses et la gêne de l'agriculture réduit les profits du commerce. En même temps, certaines industries ne donnent plus les bénéfices auxquels on s'était accoutumé. Toutes les valeurs de bourse ont subi une baisse considérable; toutes les fortunes sont plus ou moins atteintes. On confond toutes ces causes avec celles qui résident spécialement dans la crise agricole. L'inquiétude est générale, et, suivant une habitude encore trop enracinée en France, on se tourne vers le Gouvernement à la fois pour l'accuser de tous les maux et pour lui demander tous les remèdes.

REMÈDES À LA SITUATION AGRICOLE DU DÉPARTEMENT.

Droits d'entrée sur les produits étrangers. — Dans la session du printemps dernier, le conseil général de l'Aisne a voté à l'unanimité le vœu suivant : que toutes les matières non comprises dans les traités de commerce fussent frappées de droits d'entrée assez élevés pour que l'agriculture française pût se relever de ses désastres.

Le comice agricole de l'Aisne a formulé ce vœu d'une façon plus précise en demandant que les droits d'entrée soient portés à 5 francs par quintal pour le blé, à 3 francs pour le seigle et l'avoine, à 7 francs par tête pour les moutons, 60 francs pour les bœufs, 40 francs pour les vaches, etc.

Mais ce serait une grande erreur de croire qu'un droit d'entrée de 5 francs par quintal de blé ou de 60 francs par tête de bœuf ferait hausser les prix moyens de ces produits de toute la différence qu'il y a entre les droits demandés et les droits actuels. Ils ne les feraient hausser que dans la mesure où les produits étrangers concourent avec les produits français à alimenter notre consommation (environ 0.1 jusqu'à 0.2). Par conséquent, des droits d'entrée sur les produits étrangers ne peuvent faire ni autant de bien aux agriculteurs ni autant de mal aux consommateurs qu'on se l'imagine; et c'est précisément, à cause de cette atténuation de leurs effets, pour me servir d'une expression à laquelle M. Pasteur nous a habitués, que l'on pourrait trouver un moyen de conciliation entre les producteurs et les consommateurs, et calmer les esprits surexcités des deux côtés, en considérant ces droits d'entrée à un point de vue purement fiscal.

L'État est obligé, comme les particuliers, de faire payer ses services d'une façon ou d'une autre. Or, de tous les impôts, celui qui pèse le moins directement sur les contribuables français, c'est celui qu'on perçoit à la frontière sur les produits étrangers; et, ce qu'il y a de plus clair, c'est que l'État ne serait pas obligé de demander aux consommateurs sous une autre forme ce qu'il encaisserait ainsi.

Malheureusement les traités de commerce nous engagent jusqu'en 1892, et les seuls articles de quelque importance qui ne s'y trouvent pas compris sont : le bétail sur pied, le blé, les farines, l'avoine, l'orge et le maïs.

Pour le bétail, vous avez présenté à la Chambre, Monsieur le Ministre, un projet de loi qui élève de 15 à 25 francs par tête le droit d'entrée sur les bœufs, de 1 à 3 francs celui sur les moutons, etc. Comme dans la plupart des fermes, la production du bétail est intimement liée à celle des céréales; comme tous les producteurs de blé sont obligés ou du moins intéressés, pour faire alterner leurs récoltes et se procurer des engrais, à faire une certaine quantité de fourrages, ces droits d'entrée leurs donneraient satisfaction dans la limite du possible. Des droits d'entrée plus élevés obligeraient l'Administration des douanes à rétablir l'exercice dans les zones frontières et augmenteraient sans doute l'importation de la viande abattue que les traités de commerce ne nous permettent pas de taxer à plus de 3 francs les 100 kilogrammes.

Faudrait-il y ajouter un droit d'entrée plus ou moins élevé sur le blé, 3 à 5 francs par quintal métrique, comme l'ont demandé beaucoup de conseils généraux et de comices agricoles ?

L'année dernière, un droit de 3 francs par quintal aurait rapporté à l'État une trentaine de millions. Je doute que ce droit aurait pu faire hausser le prix du pain de plus d'un centime. Admettons cependant que cette hausse ait été de 2 à 3 centimes; on aurait pu facilement la contre-balancer et maintenir le pain au prix actuel, en forçant les boulangers à le fabriquer plus économiquement, soit par des concurrences en grand ou des sociétés coopératives, soit au besoin en usant du droit de taxer le pain que la loi de 1791 laisse aux municipalités.

Mais, d'un autre côté, il faut tenir compte de la crise industrielle qui pèse en ce moment sur quelques-unes de nos grandes villes et ne pas s'engager légèrement dans une voie qui pourrait éveiller beaucoup d'inquiétudes au milieu de nos populations ouvrières.

Les membres de la Commission d'enquête agricole n'ont pas été tous d'accord sur l'opportunité qu'il y aurait à établir un droit d'entrée sur les blés étrangers plus élevé que la taxe de 60 centimes par quintal qui existe actuellement. Nous croyons donc devoir en laisser juges le Gouvernement et les Chambres.

Il en est de même pour un droit d'entrée sur les farines, mais il faut reconnaître qu'il y aurait en faveur de ce droit des motifs qui n'existent pas pour le droit sur le blé. Le prix de la mouture a baissé depuis une trentaine d'années de 8 à 12 p. o/o et l'industrie de la meunerie est dans une situation très critique. Or sa conservation est indirectement utile à l'agriculture en lui assurant les issues, excellents aliments pour le bétail. Dans tous les cas, si l'on établissait un droit de 3 francs par quintal sur le blé, il faudrait établir un droit correspondant sur les farines.

L'année dernière il a été importé en France 430,908 quintaux de farine. Un droit de 5 francs aurait donc rendu au Trésor 2,154,540 francs.

On a également importé en 1883 2,358,000 quintaux de maïs; 1,185,301 quintaux d'orge, 2,828,109 quintaux d'avoine. Un droit de 2 francs par quintal sur ces grains aurait donc rapporté près de 13 millions. Peut-être pourrait-on y trouver le moyen de donner à la fois une recette à l'État et une satisfaction aux agriculteurs.

Réforme des tarifs de chemin de fer. — Grâce à l'énergie et à l'intelligence avec laquelle M. Tisserand a défendu les intérêts de l'agriculture dans la commission des tarifs de chemins de fer, ces produits ont déjà obtenu des réductions importantes sur le réseau du chemin de fer de l'Est, et ces réformes ne tarderont pas, comme tout le système des tarifs à base kilométrique décroissante, à être appliquées par les autres compagnies.

Diminution des impôts. — La propriété bâtie ou susceptible d'être bâtie autour des grandes villes a beaucoup augmenté de valeur depuis 20 à 30 ans.

Pour la propriété non bâtie, les prix tendent à se niveler dans toute la France, comme le prix des produits se sont déjà nivelés. Tandis que les revenus baissent dans les pays à céréales, ils continuent à monter dans les pays à herbages. Tandis qu'ils diminuent dans les départements du Nord-Ouest et du Nord-Est, qui avaient depuis longtemps le débouché des grandes villes industrielles, ils augmentent et augmenteront de plus en plus dans le centre de la France, en Bretagne et dans toutes les contrées du Sud, qui n'ont pas perdu de vignes par le phylloxera, dans lesquelles la production de la soie n'avait pas pris autrefois une grande place et, je dois ajouter, qui ne souffrent pas du manque d'eau.

Par une nouvelle répartition de l'impôt foncier, on pourrait donc, sans rien perdre sur son produit total, dégrever les départements à cultures de céréales du Nord, comme le département de l'Aisne, dans une proportion assez sensible.

Baisse des fermages. — Il y a dans le produit net des terres un élément qui résulte de la fertilité naturelle de ces terres et de leur situation par rapport au débouché de leurs produits. Cet élément est réduit à zéro pour les terres les plus éloignées des grands centres de population qu'elles concourent à alimenter. A la limite de ces zones alimentaires, le produit brut suffit seulement pour couvrir les frais de culture, mais il grandit à mesure que l'on se rapproche des centres de consommation et surpasse de plus en plus les frais de culture, tant que le nombre des consommateurs augmente, et tant que le perfectionnement des moyens de transport ne permet pas à de nouveaux concurrents de venir approvisionner le marché.

Cet élément est la rente proprement dite, rente qui s'ajoute au produit réel du travail ou augmente sa valeur, mais qui n'a pas la même origine, ni la même nature.

C'est cet élément de la rente qui tend à diminuer aujourd'hui dans certaines contrées, au détriment de ceux qui en jouissaient, mais au profit des consommateurs qui la payaient.

Dans les pays à fermages, cet élément se partage entre le propriétaire et le fermier en proportion plus ou moins grande pour chacun d'eux, suivant l'offre et la demande des fermes, suivant que les fermiers courent après les propriétaires, comme on l'a dit, ou que les propriétaires courent après les fermiers.

De 1840 à 1860, cet élément a grandi dans le département de l'Aisne et la part des fermiers a augmenté en même temps que celle des propriétaires. Mais aujourd'hui la rente tend à diminuer. Jusqu'en 1880 les propriétaires avaient, en vertu de contrats passés antérieurement, continué à percevoir les mêmes fermages, mais la part des fermiers s'était peu à peu réduite.

Il y a lieu de faire avec les fermiers un partage plus conforme aux nécessités actuelles de la situation économique.

Dans les pays de petites propriétés, et jusqu'à un certain point dans ceux de métayage, partout où le propriétaire cultive lui-même, ou contribue à faire produire le sol en fournissant le cheptel, les intérêts de l'agriculture se confondent avec ceux de la propriété; mais dans les pays à fermages, ils sont distincts, d'autant plus distincts que le propriétaire ne prend part à aucune amélioration foncière, aussi distincts que ceux du locataire et du propriétaire de maisons dans les villes.

La baisse des fermages devait se produire. Elle se produit. Elle atteint 20 à 30 p. 0/0 pour la plupart des baux renouvelés depuis 3 ans; elle paraît devoir aller à 50 p. 0/0 pour certains marchés de terre. Cela fait en moyenne 25 à 30 francs par hectare que le propriétaire consent à céder au fermier pour sa part dans le produit net.

Progrès et instruction agricole. — Ce qui serait plus efficace encore et avantageux à la fois au fermier et au propriétaire, ce serait que l'on pût obtenir en moyenne 20 quintaux de blé par hectare au lieu de 17. Au prix de 21 francs le quintal, cette augmentation de récolte représente 63 francs par hectare. L'influence que peuvent avoir les droits d'entrée n'est-elle pas bien peu de chose comparativement à cela? Et pourtant quelques bons cultivateurs ont montré qu'on peut y arriver.

Dans les assolements, on laisse en général, trop peu de place aux fourrages et l'on en donne trop au blé et aux betteraves. Si l'on faisait plus de luzerne, plus de trèfle, plus de fourrages annuels, on aurait plus de fumier, et le produit brut augmenterait en moyenne par hectare sans entraîner un accroissement de main-d'œuvre. Si, à cette augmentation de fumier, on ajoute des engrais chimiques bien appropriés au sol et aux récoltes, des labours plus profonds, des semences mieux choisies, des semis en lignes, etc., etc., le produit net sera encore plus considérable. Pendant ma visite à la ferme de Moufflaye, une de celles que l'on considère comme les mieux cultivées du département, j'ai pris quelques échantillons de terres, et je les ai fait analyser dans le laboratoire de l'Institut agronomique par M. Jean Risler. Elles contiennent à peine la moitié de l'acide phosphorique que les cultivateurs allemands considèrent comme nécessaire pour produire une bonne récolte de betteraves à sucre.

Dans tous les cas, à quoi bon exagérer la culture de la betterave, si les fabricants de sucre ne la payent pas assez cher? D'un autre côté, il y a une limite naturelle à la baisse du prix des betteraves. C'est le prix que les cultivateurs pourraient retrouver en faisant consommer ces betteraves tout entières à leurs animaux. Il n'y a pas de fabriques de sucre en Angleterre; les fermiers y font beaucoup de racines, surtout des turneps, mais aussi des betteraves, et ils les emploient toutes, avec une addition de tourteaux ou de farineux, à la nourriture de leurs moutons ou de leurs bêtes à cornes.

On ne peut pas faire dans toutes les terres du département de l'Aisne des herbages ou des prairies permanentes comme dans la Thiérache. Mais on pourra cependant leur donner encore plus d'extension, soit le long des grandes vallées, comme celle de l'Oise, soit dans quelques prairies du Tardenois et de la Brie.

Quant aux marchés de terre, qui sont ou trop éloignés des fermes ou de trop mauvaise qualité pour qu'on puisse continuer à les cultiver, il n'y a rien d'autre à faire qu'à les reboiser, et c'est l'affaire des propriétaires.

Au milieu de la concurrence universelle qui résulte du perfectionnement des moyens de transport de toutes sortes sur terre et sur mer, les prix des marchandises tendent à se niveler. Les capitaux et la demande du travail augmentant de plus en plus, le rapport entre le salaire et la valeur des denrées de première nécessité s'élève, et le bien-être s'accroît pour les classes inférieures.

Mais, en même temps, si la lutte pour l'existence est moins pénible pour l'ouvrier, elle devient beaucoup plus difficile pour les industries et les cultures qui les emploient. Ceux qui dirigent les entreprises et leur fournissent les capitaux sont obligés de se tenir constamment au courant de tous les progrès pour ne pas être dépassés par leurs concurrents étrangers. Il faut que les agriculteurs choisissent les productions qui sont les mieux adaptées à leur climat et à leur sol; il faut que, comme les chefs d'industrie, ils possèdent toutes les connaissances techniques et les capitaux nécessaires pour employer les méthodes nouvelles que la chimie et la mécanique ont inventées et pour diminuer ainsi leur prix de revient, malgré la cherté de la main-d'œuvre. La victoire sera aux entreprises industrielles ou agricoles les mieux organisées et les mieux dirigées. Il en est ainsi pour toutes les industries manufacturières; il en est ainsi pour la fabrication de sucre, et l'industrie agricole ne peut pas échapper à la loi commune.

Or l'agriculture du département de l'Aisne est non seulement mal organisée, mais elle est désorganisée.

Autrefois elle avait un personnel de fermiers assez riches et assez instruits pour faire la culture qui pouvait et devait être faite. Peu à peu ce personnel a diminué, et ce sont principalement les plus riches qui ont été porter ailleurs ou qui ont préparé leurs enfants à porter ailleurs les fortunes qu'ils avaient gagnées dans la culture. Quelle est l'industrie qui pourrait, sans s'affaiblir et peut-être sans succomber, être ainsi dépouillée de ses moyens de production? C'est, au contraire, une règle de bonne administration que les bénéfices faits pendant les périodes de prospérité doivent servir à perfectionner l'outillage et à former des réserves qui permettent de traverser avec moins de difficulté les périodes de crise et de se relever ensuite plus puissant, au milieu de la concurrence affaiblie par cette crise même.

Le régime fiscal de l'Allemagne a cherché à favoriser la production des betteraves riches en sucre et l'extraction aussi complète que possible de ce sucre. Nous avons bien fait de l'imiter. Mais ce régime aurait été impuissant pour l'Allemagne, si elle n'avait pas eu en même temps ces agriculteurs et ces fabricants si instruits en chimie et en mécanique, dont nous parlent les commissions qui ont été récemment y faire des voyages.

Or ces cultivateurs se forment dans les écoles supérieures annexées aux Universités, et ces ingénieurs dans des écoles spéciales de technologie. L'agriculture occupe également une large place dans l'enseignement secondaire et dans l'enseignement primaire de l'Allemagne.

De plus, il y a beaucoup plus d'Allemands qui savent le français, qu'il n'y a de Français qui savent l'allemand. En agriculture comme en industrie, etc., ils sont au courant de tout ce qui se fait chez nous, tandis que souvent, hélas! nous apprenons à connaître beaucoup trop tard ce qu'ils font chez eux.

Il en est de même pour la concurrence des Américains; elle ne provient pas seulement des immenses étendues des terres vierges qu'ils ont dans les états de l'Ouest, mais de leur instruction essentiellement pratique et appropriée aux exigences de notre époque.

L'instruction à tous les degrés a fait de grands progrès en France; mais il faut la compléter et la rendre productive, en dirigeant les intelligences qu'elle forme vers le développement de la richesse nationale.

Au point de vue de l'instruction agricole, le département de l'Aisne est un des plus arriérés de la France. Il a un excellent professeur d'horticulture, mais il n'a eu jusqu'à présent ni professeur d'agriculture, ni école pratique, ni station agronomique. Dans sa dernière session, le conseil général a voté une partie des crédits nécessaires pour ces utiles créations, et nous l'en félicitons sincèrement. C'est l'instruction technique surtout qui pourra l'aider à reconstituer le personnel de son agriculture, en lui fournissant les recrues capables de devenir de bons cultivateurs, soit régisseurs sous la direction des propriétaires, soit fermiers, s'ils ont les capitaux nécessaires pour le devenir.

Réforme des baux. — Devoirs des propriétaires fonciers. — Dans son rapport sur l'enquête de 1867, M. Suin, président dans la 5ᵉ circonscription qui comprenait le département de l'Aisne, du Pas-de-Calais et du Nord, s'exprimait ainsi :

« On a, dans ce pays, l'honneur et le bonheur de ne pas connaître le métayage ; ici, le propriétaire et le fermier sont trop intelligents pour admettre cet absurde contrat qui est un obstacle à tout progrès, enlève toute initiative à l'exploitant, ne lui laisse point assez de durée pour lui permettre des améliorations ; il lui enlève même la dignité de cultivateur pour ne lui laisser que le rôle d'un valet de labour qu'on paye avec une portion de la récolte. Les pays à colonage et à métayage sont et seront toujours, en fait de culture, les plus arriérés de tout l'Empire. »

Je crois qu'aujourd'hui l'honorable M. Suin porterait un jugement moins favorable sur le fermage et parlerait peut-être avec moins de dédain du métayage.

Les contrats valent plus ou moins suivant la manière dont on les applique. Le métayage oblige le propriétaire à fournir le cheptel, et il donne d'excellents résultats, quand le propriétaire fournit assez de capital pour améliorer et bien exploiter les terres et quand il donne à la culture une direction à la fois intelligente et bienveillante pour le métayer. De son côté, le métayer, qui fournit le travail, est intéressé au produit de ce travail. Il n'y a que deux personnes pour représenter les trois facteurs nécessaires à la production agricole : le sol, le capital et le travail, et ces trois agents se trouvent associés d'une manière fort naturelle. La crise actuelle est peu sensible dans les pays de métayage, c'est-à-dire dans les deux tiers de la France. Depuis 1883, on s'y plaint également du bas prix des céréales ; mais on n'en parlera plus dès que le blé sera remonté à 19 ou 20 francs l'hectolitre.

La crise n'existe pas davantage dans les pays de petites cultures où le propriétaire est en même temps fermier et ouvrier et où, par conséquent, les trois agents de la production agricole, réunis dans la même personne, sont inséparables. Dans le département même de l'Aisne, nous l'avons vu, la petite culture est très prospère ; la population augmente et s'enrichit dans les vallées, à côté des plateaux où la grande culture s'appauvrit et est abandonnée.

La crise existe surtout dans les pays à fermage et particulièrement dans les pays à grandes fermes et à culture intensive, parce que c'est dans ces pays que les fermiers riches et instruits sont le plus indispensables ; et elle a pris une gravité exceptionnelle dans le département de l'Aisne, parce que ce département a beaucoup de marchés de terres sans bâtiments. C'est la crise des fermages.

En Angleterre, le pays par excellence du fermage, la plupart des propriétaires connaissent les besoins de l'agriculture aussi bien que leurs fermiers ; c'est la mode de s'en occuper. Ils résident presque toute l'année à la campagne [1], et beaucoup d'entre eux cultivent une de leurs fermes à leur compte pour y essayer et y donner l'exemple des perfectionnements qu'il convient d'introduire dans l'exploitation. Ils cherchent à retenir les fermiers, non seulement en leur construisant des habitations très agréables et des bâtiments de ferme très commodes, mais ils prennent une part dans les dépenses pour drainages, chemins, irrigations, etc., ou avancent la somme nécessaire pour les exécuter, à la condition que son intérêt de 4 ou 5 p. o/o sera payé en sus du fermage

---

[1] Il n'en est pas de même en Irlande et l'on connaît les tristes conséquences qu'y a amenées l'absentéisme des propriétaires.

convenu. Dans ces derniers temps, on a introduit dans les baux des clauses qui assurent au fermier le remboursement des améliorations qu'il a faites à ses frais et dont il n'a pas réalisé toute la valeur ou plutôt épuisé tous les effets avant l'expiration du contrat[1]. Voilà une réforme à introduire dans nos baux.

Enfin, pour fixer autour des fermes une partie des ouvriers dont elles ont besoin, on a construit des cottages avec jardins et champs contigus qui peuvent, moyennant une annuité ajoutée à un loyer très modéré, devenir peu à peu leur propriété, comme les maisons des cités ouvrières dans quelques-unes de nos grandes villes manufacturières.

Les propriétaires des grandes fermes de l'Aisne ont-ils imité les propriétaires anglais? Un certain nombre, oui; la majorité, non. Souvent ils résident loin de leurs fermiers et les connaissent à peine. Ils se servent, pour traiter leurs affaires, d'intermédiaires qui n'y résident pas davantage et qui sont eux-mêmes ignorants des besoins de l'agriculture.

Crédit agricole. — Le ministère a présenté au Sénat un projet de loi sur le crédit agricole. A-t-il été compris et appuyé? Dans la pénurie de fermiers où se trouve le département de l'Aisne, il a fallu louer des terres à de pauvres cultivateurs qui empruntent au fabricant de sucre sur les betteraves à livrer et au meunier sur le blé encore en herbe, qui font consommer leurs pulpes et labourer leurs champs par des animaux que les marchands de bestiaux leur ont prêtés. C'est du crédit agricole, c'est même du nantissement sans déplacement de gages, mais c'est un crédit qui coûte 20 à 30 p. o/o; les mauvaises langues disent même qu'il coûte quelquefois 50 p. o/o au malheureux cultivateur qu'il achève de ruiner. Ne vaudrait-il pas mieux avoir des banques de crédit agricole dont les réformes législatives proposées par le ministère devaient faciliter la création?

Veuillez agréer, Monsieur le Ministre, l'hommage de mes sentiments très dévoués.

Paris, le 31 octobre 1884.

E. Risler,

Directeur de l'Institut national agronomique.

---

[1] Une loi récente (*Agricultural holdings act 1883*) rend ce remboursement obligatoire pour certaines améliorations, même quand le bail ne l'a pas prévu.

TABLE DES MATIÈRES.

———

IMPRIMERIE NATIONALE. — 1884.